建筑给排水工程设计与施工管理研究

张 瑞 毛同雷 姜 华 ◎著

吉林科学技术出版社

图书在版编目（CIP）数据

建筑给排水工程设计与施工管理研究 / 张瑞，毛同
雷，姜华著. — 长春：吉林科学技术出版社，2022.8
ISBN 978-7-5578-9538-9

Ⅰ. ①建… Ⅱ. ①张… ②毛… ③姜… Ⅲ. ①建筑工
程－给水工程－工程设计②建筑工程－排水工程－工程设
计③建筑工程－给水工程－工程施工④建筑工程－排水工
程－工程施工 Ⅳ. ①TU82

中国版本图书馆 CIP 数据核字 (2022) 第 118600 号

建筑给排水工程设计与施工管理研究

著　　　张　瑞　毛同雷　姜　华
出 版 人　宛　霞
责任编辑　杨雪梅
封面设计　金熙腾达
制　　版　金熙腾达
幅面尺寸　185mm×260mm
开　　本　16
字　　数　238 千字
印　　张　13.25
印　　数　1—1500 册
版　　次　2022年8月第1版
印　　次　2022年8月第1次印刷

出　　版　吉林科学技术出版社
发　　行　吉林科学技术出版社
地　　址　长春市南关区福祉大路5788号出版大厦A座
邮　　编　130118
发行部电话/传真　0431-81629529　81629530　81629531
　　　　　　　　　　81629532　81629533　81629534
储运部电话　0431-86059116
编辑部电话　0431-81629510
印　　刷　廊坊市印艺阁数字科技有限公司

书　　号　ISBN 978-7-5578-9538-9
定　　价　48.00 元

前　言

　　现阶段，人们对建筑工程的要求，不再局限于外观方面，对于建筑的要求不断增多，其中就包含了质量、性能、舒适度等。因此，相关部门在建筑工程设计过程中，需要加强给排水工程设计，并将该工程中所存在的问题有效解决，这样才能既保证了排水工程质量，又能提升建筑工程的质量。

　　建筑给排水作为给排水的一个重要组成部分，其质量的好坏直接影响到我们日常生活的方方面面，加强对建筑给排水质量的控制，消除工程质量缺陷，对确保人民切身利益具有重要意义。为了提高建筑给排水工程的质量，必须对建筑给排水工程从设计、施工至竣工验收等各个环节进行全方位系统控制，必须在建筑给排水的设计、施工、监理等管理工作中严把质量控制关，最大限度地消除质量安全隐患，保证建筑工程的质量安全。本书在介绍建筑给排水系统及其设计的同时还介绍了有关施工管理方面的内容，力求全面、系统地阐述建筑给排水工程质量常见问题及控制措施，努力开启系统研究建筑给排水工程质量控制的序幕。

　　在本书的策划和编写过程中，曾参阅了国内外大量的文献和资料，获益良多；同时也得到了有关领导、同事、朋友及学生的大力支持与帮助，在此致以衷心的感谢！本书的选材和编写还有一些不尽如人意的地方，加上作者学识水平有限，书中难免存在缺点和谬误，敬请同行专家及读者指正，以便进一步完善提高。

目　录

第一章 建筑给水系统

第一节 建筑给水系统的分类及材料

一、室内给水系统的分类及组成

室内给水系统是指通过管道及辅助设备，按照建筑物和用户的生产、生活和消防的需要，把水有组织地输送到用水地点的网络系统。其任务是满足建筑物和用户对水质、水量、水压、水温的要求，以确保用水安全可靠。

（一）室内给水系统的分类

1. 生活给水系统满足各类建筑物内的饮用、烹调、盥洗、淋浴、洗涤用水，水质必须符合国家规定的生活饮用水水质标准。

2. 生产给水系统满足各种工业建筑内的生产用水，如冷却用水、锅炉给水等，水质标准满足相应的工业用水水质标准。

3. 消防给水系统满足各类建筑物内的火灾扑救用水。

以上三类给水系统可独立设置，也可根据需要将其中两类联合，构成生活消防给水系统、生产生活给水系统、生产消防给水系统。

（二）室内给水系统的组成

1. 引入管

引入管是由室外给水引入建筑物的管段。引入管可随供暖地沟进入室内，或在建筑物的基础上预留孔洞单独引入。必须对用水量进行计量的建筑物，应在引入管上装设水表，水表宜设在水表井内，并且水表前后应装置阀门。住宅建筑物应装设分户水表，且在水表前装置阀门。

2. 给水干管

给水干管是引入管到各立管间的水平管段。当给水干管位于配水管网的下部，通过连接的立管由下向上给水时，称为下行上给式，这时给水干管可直接埋地，或设在室内地沟内或地下室内。当给水干管位于配水管网的上部，通过连接的立管由上向下给水时，称为上行下给式，这时给水干管可明装于顶层的顶棚下面、窗口上面或暗装于吊顶内。

3. 给水立管

给水立管是干管到横支管或给水支管间的垂直管段。给水立管一般设在用水量集中的位置，可明装也可暗装于墙、槽内或管道竖井内。暗装主要用于美观要求较高的建筑物内。

4. 给水横支管

给水横支管是立管到支管间的水平管段。横支管不得穿越生产设备的基础、烟道、风道、卧室橱窗、壁柜、木装修、卫生器具的池槽；不宜穿越建筑伸缩缝、沉降缝，如必须穿过时，应采取相应的技术措施。

5. 给水支管

给水支管是仅向一个用水设备供水的管段。

6. 给水附件

给水管道上的各种阀门和水龙头等。

7. 升压和贮水设备

当室外管网水压不足或室内对安全供水和稳定水压有要求时，需要设置各种辅助设备，如水泵、水箱（池）及气压给水设备等。

二、室内给水系统常用管材、管件和附件

（一）室内给水系统常用管材

1. 金属管

（1）焊接钢管

俗称水煤气管，又称为低压流体输送管或有缝钢管。通常用普通碳素钢中牌号为Q215、Q235、Q255 的软钢制造而成。

按其表面是否镀锌可分为镀锌钢管（又称白铁管）和非镀锌钢管（又称黑铁管）。按钢管壁厚不同又分为普通钢管、加厚管和薄壁管三种；按管端是否带有螺纹还可分为带螺纹和不带螺纹两种。

每根管的制造长度：带螺纹的黑、白钢管为 4 ～ 9m；不带螺纹的黑钢管为 4 ～ 12m。焊接钢管的直径规格用公称直径 "DN" 表示，单位为 mm（如 DN25）。

普通焊接钢管用于输送流体工作压力小于或等于 1.0 MPa 的管路，如室内暖卫工程管道；加厚焊接钢管用于输送工作压力小于或等于 1.6 MPa 的管路。

（2）无缝钢管

用于输送流体的无缝钢管用 10、20、Q295、Q345 牌号的钢材制造而成。按制造方法

可分为热轧和冷轧两种。

热轧管外径有 32 ～ 630 mm 的各种规格，每根管的长度为 3 ～ 12 m；冷轧管外径有 5 ～ 220 mm 的各种规格，每根管的长度为 1.5 ～ 9m。无缝钢管的直径规格用管外径 × 壁厚表示，符号为 D× δ，单位为 mm× mm（如 159×4.5）。

无缝钢管用作输送流体时，适用于城镇、工矿企业给水、排水、氧气、乙炔、室外供热管道。一般直径小于 50 mm 时，选用冷轧钢管；直径大于 50 mm 时，选用热轧钢管。

（3）铜管

常用铜管有紫铜管（纯铜管）和黄铜管（铜合金管）。紫铜管主要用 T2、T3、T4、Tup（脱氧铜）制造而成。

铜管常用于高纯水制备，输送饮用水、热水和民用天然气、煤气、氧气及对铜无腐蚀作用的介质。

（4）铸铁管

铸铁管分为给水铸铁管和排水铸铁管两种。给水铸铁管常用球墨铸铁浇铸而成，出厂前内外表面已用防锈沥青漆做防腐处理。按接口形式分为承插式和法兰式两种。按压力分为高压、中压和低压给水铸铁管。直径规格均用公称直径表示。

高压给水铸铁管用于室外给水管道，中、低压给水铸铁管可用于室外燃气、雨水等管道。

（5）铝塑管

铝塑管是以焊接铝管为中间层，内、外层均为聚乙烯塑料，采用专用热熔胶，通过挤压成形的方法复合成一体的管材。可分为冷、热水用铝塑管和燃气用复合管。铝塑管常用外径等级为 D14、D16、D20、D25、D32、D40、D50、D63、D75、D90、D110 共 11 个等级。

2. 非金属管

（1）塑料给水管

塑料给水管是以合成树脂为主要成分，加入适量的添加剂，在一定的温度和压力下塑制成形的有机高分子材料管道，分为给水硬聚氯乙烯管（PVC-U）和给水高密度聚乙烯管（HDPE）两种直径规格用外径表示。用于室内外（埋地或架空）输送水温不超过 45℃ 的冷热水。

（2）其他非金属管材

给水工程中除使用给水塑料管外，还经常在室外给水工程中使用自应力和预应力钢筋混凝土给水管。直径规格用公称内径表示。

（二）常用管件

各种管道应采用与该类管材相应的专用管件。

1. 钢管件

钢管件是用优质碳素钢或不锈钢经特制模具压制成型的，分为焊接钢管件、无缝钢管件和螺纹钢管件三类。

（1）焊接钢管件用无缝钢管或焊接钢管经下料加工而成，常用的有焊接弯头、焊接三通和焊接异径三通等。

（2）无缝钢管件用压制法、热推弯法及管段弯制法制成。常用的有弯头、三通、四通、异径管、管帽等。

2. 可锻铸铁管件

可锻铸铁管件在室内给水、供暖、燃气等工程中应用广泛，配件规格为 DN6～DN150，与管子的连接均采用螺纹连接，有镀锌管件和非镀锌管件两类。

3. 给水用铝塑管件

给水用铝塑管件材料一般是用黄铜制成，采用卡套式连接的管件。

（三）管材、管件的选用与连接方法

1. 管材、管件的选用

室内给水管道，应选用耐腐蚀和安装连接方便可靠的管材，可采用塑料给水管、塑料和金属复合管、铜管、不锈钢管及经可靠防腐处理的钢管。高层建筑给水立管不宜采用塑料管。

热水供应系统的管道应选用耐腐蚀和安装连接方便可靠的管材，可采用薄壁铜管、薄壁不锈钢管、塑料热水管、塑料和金属复合热水管等。当采用塑料热水管或塑料和金属复合热水管材时应符合下列要求：

（1）管道的工作压力应按相应温度下的许用工作压力选择；

（2）设备机房内的管道不应采用塑料热水管；

（3）建筑小区室外埋地给水管道采用的管材，应具有耐腐蚀和能承受相应地面荷载的能力。可采用塑料给水管、有衬里的铸铁给水管、经可靠防腐处理的钢管。管内壁的防腐材料，应符合现行的国家有关卫生标准的要求。

2. 管道的连接方法

（1）螺纹连接

螺纹连接又称为丝扣连接，是通过管端加工的外螺纹和管件内螺纹将管子与管子、管子与管件、管子与阀门紧密连接。适用于 DN ≤ 100 mm 的镀锌钢管，较小管径、较低压力焊接钢管，硬聚氯乙烯塑料管的连接和带螺纹的阀门及设备接管的连接。

（2）法兰连接

法兰连接是管道通过连接法兰及紧固件螺栓、螺母的紧固，压紧两法兰中间的法兰垫片而使管道连接起来的一种连接方法。法兰连接是可拆卸接头，常用于管子与带法兰的配件或设备的连接，以及管子需要拆卸检修的场所，如DN＞100 mm的镀锌钢管、无缝钢管、给水铸铁管的连接。

法兰有螺纹法兰，与管子的连接为螺纹连接，主要用于镀锌钢管与带法兰的附件连接。法兰还有平焊法兰，是管道工程中应用最为普遍的一种法兰，法兰与钢管的连接采用焊接。

（3）焊接连接

焊接连接是管道安装工程中应用最为广泛的一种连接方法，常用于 DN＞32 mm的焊接钢管、无缝钢管、铜管的连接。

（4）承插连接

承插连接是将管子或管件的插口（小头）插入承口（喇叭头），并在其插接的环形间隙内填以接口材料的连接。一般铸铁管、塑料排水管、混凝土管都采用承插连接。

（5）卡套式连接

卡套式连接是由带锁紧螺母和螺纹管件组成的专用接头进行管道连接的一种连接形式，广泛应用于复合管、塑料管和 DN＞100 mm的镀锌钢管的连接。

（四）室内给水系统常用附件

室内给水系统中的附件是指在管道及设备上的用以启闭和调节分配介质流量压力的装置。有配水附件和控制附件两大类。

1. 配水附件

配水附件用以调节和分配水量，一般指各种冷、热水龙头。

2. 控制附件

控制附件用以启闭管路、调节水量和水压，一般指各种阀门。

（1）闸阀

其启闭件为闸板，由阀杆带动闸板沿阀座密封面做升降运动，而切断或开启管路。按连接方式分为螺纹闸阀和法兰闸阀。

（2）截止阀

其启闭件为阀瓣，由阀杆带动，沿阀座轴线做升降运动而切断或开启管路。按连接方式分为螺纹式和法兰式两种。

（3）止回阀

其启闭件为阀瓣，利用阀门两侧介质的压力差值自动启闭水流通路，阻止水的倒流。

按连接方式分为螺纹式和法兰式两种，按结构形式分为升降式和旋启式两大类。

底阀也是止回阀的一种，是专门用于水泵吸水口，保证水泵启动、防止杂质随水流吸入泵内的一种单向阀，其类型也有升降式和旋启式两种。

（4）旋塞阀

其启闭件为金属塞状物，塞子中部有一孔道，绕其轴线转动 90°即为全开或全闭。

旋塞阀具有结构简单、启用迅速、操作方便、阻力小的优点，缺点是密封面维修困难，在流体参数较高时旋转灵活性和密封性较差，多用于低压、小口径及介质温度不高的管路中。

（5）球阀

其启闭件为金属球状物，球体中部有一圆形孔道，操纵手柄绕垂直于管路的轴线旋转 90°即可全开或全闭。

球阀按连接方式分为内螺纹球阀、法兰式球阀和对夹式球阀。

（6）浮球阀

依靠水的浮力自动启闭水流通路，是用来自动控制水流的补水阀门，常安装于须控制水流的水箱或水池内。

（7）减压阀

是通过启闭件（阀瓣）的节流，将介质压力降低，并依靠介质本身的能量，使出口压力自动保持稳定的阀门。用于空气、蒸汽设备和管道上。按结构不同分为薄膜式、弹簧薄膜式、活塞式、波纹管式等。

（8）安全阀

当管道或设备内的介质压力超过规定值时，启闭件（阀瓣）自动开启；低于规定值时，自动关闭，对管道和设备起保护作用的阀门是安全阀。按其构造分为杠杆重锤式、弹簧式、脉冲式三种。

3. 水表

水表是一种计量用户用水量的仪表。建筑给水系统中广泛应用的是流速式水表。其计量用水量的原理是当管径一定时，通过水表的流量与水流速度成正比。水表计量的数值为累计值。

流速式水表按叶轮构造不同分为旋翼式和螺翼式两类。

（1）旋翼式水表

其叶轮轴与水流方向垂直，水流阻力大，计量范围小，多为小口径水表，宜于测量较小水流量。按计数机件所处的状态分为湿式和干式两种。

（2）螺翼式水表

其叶轮轴与水流方向平行，阻力小，计量范围大，多为大口径水表。按其转轴方向可分为水平式和垂直式两种。垂直式均为干式水表；水平式有干式和湿式两种。

湿式水表的计数机构和表盘均浸没于水中，机构简单，计量较准确，应用较广泛，但只能用于水中不含杂质的管道上。

干式水表的计数机构和表盘与水隔开，当水质浊度高时会降低水表精度，产生磨损，降低水表寿命。

（3）智能卡付费水表（IC 卡水表）

智能卡付费水表是采用国际上最新的微功耗大规模集成电路，专用的低功耗电磁阀门和先进的制造工艺制造而成的新一代水表，包含用户预付费、水表自动计量、状态报警提示和防止用户采用非法手段窃水等功能。可广泛应用于民用户、集体户及工业大用户，是适应自来水供水管理现代化较为理想的计量器具。

① IC 卡水表系统组成：远传发讯水表、用户单元（含控制器、显示器）、电磁阀、电源、智能卡（IC 卡）、售水管理软件和水表处理终端。

②工作原理：自来水流经远传发讯水表，发出表示水量和电脉冲信号到用户单元，用户单元的 IC 卡设定，用户单元表征的实际购水量在用水时做减法，到设定的用水量用完时，系统自动关闭阀门，停止供水。

③ IC 卡水表的主要技术参数：工作电压为 3.6 V（直流，锂电池供电）；工作电流小于 30 mA（常态）、最大工作电流小于 300 mA（瞬间）；IC 卡使用次数为 10 万次、使用寿命为 10 年；工作环境为用户单元可在环境温度 -10℃～ 40℃范围内工作，水表的使用水温下限不能结冰，一般规定为 0 ～ 40℃。

第二节　建筑给水系统的给水方式及常用设备

一、给水系统的给水方式

室内给水方式是根据建筑物的性质、高度、配水点的布置情况以及室内所需水压、室外管网水压和水量等因素而决定的给水系统的布置形式。其常用方式有以下几种。

（一）直接给水系统

建筑物内部只设给水管道系统，不设其他辅助设备，室内给水管道系统与室外给水管网直接连接，利用室外管网压力直接向室内给水系统供水。

这种给水系统具有系统简单、投资少、安装维修方便，充分利用室外管网水压，供水安全可靠的特点。适用于室外给水压力稳定，并能满足室内所需压力的场合。

（二）设有水箱的给水系统

建筑物内部除设有给水管道系统外，还在屋顶设有水箱，室内给水管道与室外给水管网直接连接。当室外给水管网水压足够时，室外管网直接向水箱供水，再由水箱向各配水点连续供水；当外网水压较小时，则由水箱向室内给水系统补充水量。如为下行上给式系统，为防止水箱造成的静压大于外网压力，而使水向外网倒流，须在引入管上安装止回阀。

这种给水系统具有系统较简单、投资较省、维修安装方便、供水安全的优点，但因系统增设了水箱，会增大建筑荷载，影响建筑外形美观。适用于室外给水压力有少量波动，在一天中有少部分时间不能满足室内水压要求的场合。

（三）设有水池、水泵和水箱的给水系统

建筑物内除设有给水管道系统外，还增设了升压（水泵）和贮存水量（水池、高位水箱）的辅助设备。当室外给水管网压力经常性或周期性不足，室内用水不均匀时，多采用此种给水系统。

这种给水方式具有供水安全的优点，但因增设了较多辅助设备，使系统较复杂，投资及运行管理费用高，维修安装量较大。适用于一天中有大部分时间室外给水压力不能满足室内要求的场合，一般用于多层或高层建筑内。

（四）竖向分区给水系统

在多层或高层建筑中，室外给水管网中水压往往只能供到下面几层，而不能满足上面几层的需要，为了充分有效地利用室外给水管网提供的水压，减少水泵、水箱的调节量，可将建筑物分为上、下两个区域或多个区域。下区可直接由室外管网供水，上区由水箱或水泵、水箱联合供水。当设有消防系统时，消防水泵则须按上、下两区考虑。

（五）设气压给水装置的给水方式

气压给水装置是利用密闭压力水罐内空气的可压缩性贮存、调节和压送水量的给水装置，其作用相当于高位水箱。水泵从贮水池或由室外给水管网吸水，经加压后送至给水系统和气压水罐内，停泵时，再由气压水罐向室内给水系统供水，由气压水罐调节贮存水量及控制水泵运行。

这种给水方式的优点是设备可设在建筑物的任何高度，便于隐蔽，安装方便，水质不宜受污染，投资省，建设周期短，便于实现自动化等。这种给水方式适用于室外管网水压经常不足，不宜设置高位水箱的建筑（如隐蔽的国防工程，地震区的建筑，对外部形象要求较高的建筑）。

二、给水常用设备

（一）贮水设备

贮水设备一般是指水箱（水池）。水箱在建筑给水系统的作用是增压、稳压、减压、

贮存一定水量。

水箱从外形上分有圆形、方形、倒锥形、球形等，由于方形水箱便于制作，并且容易与建筑配合使用，在工程中使用较多。水箱一般用钢板、钢筋混凝土、玻璃钢制作。

1. 钢板水箱

施工安装方便，但容易锈蚀，内外表面均须做防腐处理。工程设计中应先计算出水箱体积，然后依据相关的国家标准图集，确定水箱的型号（应略大于或等于计算体积）及水箱的外形尺寸。

2. 钢筋混凝土水箱（水池）

一般用于水箱尺寸较大时，由于其自重大，多用于地下，具有经久耐用、维护简单、造价低的优点。

3. 玻璃钢水箱

具有耐蚀、强度高、重量轻、美观、安装维修方便、可根据需求现场组装的优点，已逐渐得到普及。

（二）升压设备

升压设备一般指将水输送至用户并将水提升、加压的设备。在建筑内部的给水系统中，升压设备一般采用离心式水泵。它具有结构简单、体积小、效率高且流量和扬程在一定范围内可以调节等优点。选择水泵应以节能为原则，使水泵在大部分时间保持高效运行。加压水泵，应选择特性曲线随流量的增大扬程逐渐下降的水泵。

1. 建筑给水系统中水泵进水方式

分为直接抽水和水池、水泵抽水两种。

（1）直接抽水

直接抽水是指由管道泵直接从室外取水，优点是能充分利用外网水压，系统简单，水质不宜污染，市政条件许可的地区，宜采用叠压供水设备，但需取得当地供水行政主管部门的批准。

（2）水池、水泵抽水

水池、水泵抽水是将外网给水先存入贮水池，后由水泵从贮水池抽水供给各用户。在高层建筑或较大建筑物及由城市管网供水的工业企业，因不允许直接抽水或外网给水压力较小时，一般采用此种抽水方式。

以上两种抽水方式，水泵宜采用自动启闭装置，以便于运行管理。当无水箱时，采用直接抽水方式的水泵启闭电压力继电器，根据外网水压的变化来控制；采用水池、水泵抽水方式的水泵启闭由室内管网的压力来控制。当有水箱时，水泵启闭可通过设置在水箱中的浮球阀式或液位式水位继电器来控制

2. 水泵的布置

水泵间净高不小于 3.2 m，应光线充足，通风良好，干燥不冻结，并有排水措施。为保证安装检修方便，水泵之间、水泵与墙壁之间应留有足够的距离：水泵机组的基础侧边之间和至墙面的距离不得小于 0.7 m，对于电动机功率小于或等于 20 kW 或吸水口直径小于或等于 100 mm 的小型水泵，两台同型号的水泵机组可共用一个基础，基础的一侧与墙面之间可不留通道。不留通道的机组凸出部分与墙壁之间的净距及相邻的凸出部分的净距，不得小于 0.2 m；水泵机组的基础端边之间和至墙的距离不得小于 1.0 m，电动机端边至墙的距离还应保证能抽出电动机转子；水泵机组的基础至少应高出地面 0.1 m。

（三）气压给水设备

建筑给水除直接利用外网压力（压力足够大时）供水或利用水泵供水（外网压力不足时）外，还可以利用密闭贮罐内空气的压力，将罐中贮存的水压送至给水管网的各配水点，即气压给水，用以代替高位水箱或水塔，可在不宜设置高位水箱或水塔的场所采用。气压给水设备的优点是建设速度快，便于隐藏，容易拆迁，灵活性大，不影响建筑美观，水质不宜污染，噪声小。但这种设备的调节能力小，运行费用高，耗用钢材较多，而且变压力的供水压力变化幅度大，在用水量大和水压稳定性要求较高时，使用这种设备供水会受到一定限制。

气压给水设备由密封罐（内部充满水和空气）、水泵（将水送至密闭罐内和配水管网中）、空气压缩机（给罐内水加压和补充空气）、控制器材（用以控制启闭水泵或空气压缩机等）部分组成。

气压给水设备有多罐式和单罐式两种。

1. 按罐内压力变化情况给水设备分类

（1）变压式气压给水设备

其罐内空气随供水情况而变化，给水压力有一定波动，主要用于用户对水压没有严格要求时。

（2）定压式气压给水设备

当用户对水压稳定性要求较高时，可在变压式气压给水设备的供水管道上安装调节阀，使配水管网内的水压处于恒压状态。

2. 按气压水罐的形式给水设备分类

（1）隔膜式气压给水设备

其气压罐内装有橡胶或塑料囊式弹性隔膜，隔膜将罐体分为气室和水室两部分，靠囊的伸缩变形调节水量，可以一次充气，长期使用，无须补气设备，是具有发展前途的气压给水设备。

（2）补气式气压给水设备

其气压罐内的空气与水接触，罐内空气由于渗漏和溶解于水中而逐渐减少，为确保系统的运行，须经常补充空气。补气方式有利用空气压缩机补气、泄空补气或利用水泵出水管中积存空气补气。

第三节　建筑热水供应系统

热水供应系统是为满足人们在生活和生产过程中对水温的某些特定要求，而由管道及辅助设备组成的输送热水的网络。其任务是按设计要求的水量、水温和水质随时向用户供应热水。

一、室内热水供应系统的分类

室内热水供应系统按作用范围大小可分为以下两种。

（一）局部热水供应系统

利用各种小型加热器在用水场所就地将水加热，供给局部范围内的一个或几个用水点使用，如采用小型燃气加热器、蒸汽加热器、电加热器、太阳能加热器等，给单个厨房、浴室、生活间等供水。大型建筑物同样可采用很多局部加热器分别对各个用水场所供应热水。

这种系统的优点是系统简单，维护管理方便灵活，改建、增减较容易。缺点是加热设备效率低，热水成本高，使用不方便，设备容量较大。因此，适用热水供应点较分散的公共建筑和车间等工业建筑。

（二）集中热水供应系统

这种系统由热源、加热设备和热水管网组成。水在锅炉、加热器中被加热，通过热水管网向整幢或几幢建筑供水。

这种系统的特点是加热器及其他设备集中，可集中管理，加热效率高，热水制备成本低，设备总容量小，占地面积小，但设备及系统较复杂，基本建设投资较大，管线长，热损失大。适用于热水用量较大，用水量比较集中的场所，如高级宾馆、医院、大型饭店等公共建筑、居住建筑和布置较集中的工业建筑。

（三）区域热水供应系统

区域热水供应系统是指在热电厂、区域性锅炉房或热交换站将冷水集中加热后，通过市政热力管网输送至整个建筑群、居民区、城市街坊或工业企业的热水系统。

该系统的优点是有利于热能的综合利用，便于集中统一维护管理；不须在小区或建筑物内设置锅炉，有利于减少环境污染，节省占地和空间；设备热效率和自动化程度较高；制备热水的成本低，设备总容量小。其缺点是设备、系统复杂，建设投资高；需要较高的维护管理水平。该系统适用于建筑较集中、热水用量较大的城市和工业企业。

二、热水供应系统的组成

（一）组成

热水供应系统主要由热源、热媒管网系统（第一循环系统）、加（贮）热设备、配水设备和回水管网系统（第二循环系统）、附件和用水器具等组成。

1. 热源

热源是用以制取热水的能源，可以是工业废热、余热、太阳能、可再生低温能源、地热、燃气、电能，也可以是城镇热力网、区域锅炉房或附近锅炉房提供的蒸汽或高温水。

2. 热媒管网系统（第一循环系统）

热媒是指传递热量的载体，常以热水（高温水）、蒸汽、烟气等为热媒。在以热水、蒸汽、烟气为热媒的集中热水供应系统中，蒸汽锅炉与水加热器之间或热水锅炉（机组）与热水贮水器之间由热媒管和冷凝水管（或回水管）连接组成的热媒管网，称第一循环系统。热媒管网中的主要附件有疏水器、分水器、集水器、分汽缸等。

3. 加（贮）热设备

加热设备是用于直接制备热水供应系统所需的热水，或是制备热媒后供给水加热器进行二次热换热的设备。一次换热设备就是直接加热设备。二次换热设备就是间接加热设备在间接加热设备中热媒与被加热水不直接接触，有些加热设备带有一定的容积，兼有贮存、调节热水用水量的作用。

贮热设备是仅有贮存热水功能的热水箱或热水罐。

加（贮）热设备的常用附件有：压力式膨胀罐、安全阀、泄压阀、温度自动调节装置、温度计、压力表、水位计等。

4. 配水设备和回水管网系统（第二循环系统）

在集中热水供应系统中，水加热器或热水贮水器与热水配水点之间，由配水管网和回水管网组成的热水循环管路系统，称作第二循环系统。主要附件有：排气装置、泄水装置、压力表、膨胀管（罐）、阀门、止回阀、水表及伸缩补偿器等。

（二）加热、贮热设备及选用

1. 水加热设备的选择

水加热设备应根据使用特点、耗热量、热源、维护管理及卫生防菌等因素选择，并应符合下列规定。

（1）容积利用率高，换热效果好，节能、节水；

（2）被加热水侧阻力损失小，直接供给生活热水的水加热设备的被加热水侧阻力损失不宜大于 0.01 MPa；

（3）安全可靠、构造简单、操作维修方便。

2. 被加热水的温度与设定温度的差值应满足条件

水加热器的热媒入口管上应安装自动温控装置，自动温控装置应能根据壳程内水温的变化，通过水温传感器可靠灵活地调节或启闭热媒的流量。

（1）导流型容积式水加热器：±5℃；

（2）半容积式水加热器：±5℃；

（3）半即热式水加热器：±3℃。

三、热水供应系统的管道敷设

热水管道穿过建筑物的楼板、墙壁和基础时应加套管，热水管道穿越屋面及地下室外墙壁时应加防水套管。一般套管内径应比通过热水管的外径大 2～3 号，中间填充不燃烧材料，再用沥青油膏之类的软密封防水填料灌平。套管高出地面 ≥ 20 mm。

塑料热水管材质脆，刚度（硬度）较差，应避免撞击、紫外线照射，故宜暗设。对于外径 $De ≤ 25$ mm 的聚丁烯管、改性聚丙烯管、交联聚乙烯管等柔性管一般可以将管道直接埋在建筑垫层内，但不允许将管道直接埋在钢筋混凝土结构墙板内。埋在垫层内的管道不应有接头。外径 $De ≥ 32$ mm 的塑料热水管可敷设在管井或吊顶内。塑料热水管明设时，立管宜布置在不受撞击处，如不能避免时应在管外加保护措施。

热水立管与横管连接时，为避免管道伸缩应力破坏管道，应采用乙字弯的连接方式。

热水横管的敷设坡度不宜小于 0.003，以利于管道中的气体聚集后排放。上行下给式系统配水干管最高点应设排气装置，下行上给配水系统可利用最高配水点排气。当下行上给式热水系统设有循环管道时，其回水立管应在最高配水点以下（约 0.5 m）与配水立管连接。上行下给式热水系统可将循环管道与各立管连接。

在系统最低点应设泄水装置，以便在维修时放空管道中的存水。

热水管道系统应采取补偿管道热胀冷缩的措施，常用的技术措施有自然补偿和伸缩器补偿。

第四节　建筑给水系统安装

一、给水管道布置与敷设

（一）管道布置

给水管道布置受建筑结构、用水要求、配水点和室外给水管道的位置以及供暖、通风空调、供电等其他建筑设备工程管线等因素影响。布置管道时，应处理和协调好各种相关因素的关系。

（二）管道敷设

管道敷设应采取严密的防漏措施，杜绝和减少漏水量。

1. 敷设在垫层、墙体管槽内的给水管管材宜采用塑料、金属与塑料复合管材或耐腐蚀的金属管材，并应符合现行国家标准；

2. 敷设在有可能结冻区域的供水管应采取可靠的防冻措施；

3. 埋地给水管应根据土壤条件选用耐腐蚀、接口严密耐久的管材和管件，应做好相应的管道基础和回填土夯实工作；

4. 室外直埋热水管，应根据土壤条件、地下水位高低、选用管材材质、管内外温差采取耐久可靠的防水、防潮、防止管道伸缩破坏的措施。室外直埋热水管直埋敷设还应符合国家现行标准。

（三）管道防护

要使管道系统能在较长年限内正常工作，除日常加强维护管理外，还应在设计和施工过程中采取防腐、防冻和防结露措施。

1. 管道的防腐

无论是明装管道还是暗装管道，除镀锌钢管、给水塑料管和复合管外，都必须做防腐处理。管道防腐最常用的是刷油法。具体做法是：明装管道表面除锈，露出金属光泽并使之干燥，刷防锈漆（如红丹防锈漆等）2 道，然后刷面漆（如银粉或调和漆）1～2 道，如果管道需要做标志时，可再刷不同颜色的调和漆或铅油；暗装管道除锈后，刷防锈漆 2 道；埋地钢管除锈后刷冷底子油 2 道，再刷沥青胶（玛蹄脂）2 遍。质量较高的防腐做法是做管道的防腐层，层数为 3～9 层，材料为冷底子油、沥青玛蹄脂、防水卷材等。对于埋地铸铁管，如果管材出厂时未涂油，敷设前应在管外壁涂沥青 2 道防腐，明装部分可刷防锈漆 2 道加银粉 2 道。当通过管道内的水有腐蚀性时，应采用耐蚀管材或在管道内壁采取防腐措施。

2. 管道的保温防冻

设置在室内温度低于 0℃处的给水管道，如敷设在不采暖房间的管道以及安装在受室外冷空气影响的门厅、过道处的管道应考虑保温防冻。在管道安装完毕，经水压试验和管道外表面除锈并刷防锈漆后，应采取保温防冻措施。

3. 管道的防结露

在环境温度较高、空气湿度较大的房间（如厨房、洗衣房和某些生产车间等）或管道内水温低于室内温度时，管道和设备外表面可能产生凝结水而引起管道和设备的腐蚀，影响使用和室内卫生，故必须采取防结露措施，其做法一般与保温层的做法相同。

（四）湿陷性黄土地区管道敷设

在一定压力作用下受水浸湿后土壤结构迅速破坏而发生下沉的黄土，称为湿陷性黄土。我国的湿陷性黄土主要分布在陕西、甘肃、山西、青海、宁夏、河北、山东、新疆、内蒙古和东北部分地区。湿陷性黄土地区管道敷设时应考虑因给排水管道而造成的湿陷事故，须因地制宜采取合理有效的措施。

二、室内给水系统安装

（一）室内给水管道安装的基本技术要求

1. 建筑给水工程所使用的主要材料、成品、半成品、配件、器具和设备必须具有质量合格证明文件，规格、型号及性能检测报告应符合国家技术标准或设计要求。

2. 主要器具和设备必须有完整的安装使用说明书。

3. 地下室或地下构筑物外墙有管道穿过的，应采取防水措施。对有严格防水要求的建筑物，必须采用柔性防水套管。

4. 明装管道成排安装时，直线部分应互相平行。曲线部分：当管道水平或垂直并行时，应与直线部分保持等距；管道水平上下并行时，弯管部分的曲率半径应一致。

5. 管道支、吊、托架安装位置应正确，埋设应平整牢固，与管道接触要紧密。

6. 给水及热水供应系统的金属管道立管管卡安装应符合规定：楼层高度小于或等于 5 m，每层必须安装 1 个，楼层高度大于 5m，每层不得少于 2 个，管卡安装高度，距地面应为 1.5～1.8 m，2 个以上管卡应均匀安装，同一房间管卡应安装在同一高度上。

7. 管道穿过墙壁和楼板，应设置金属或塑料套管。安装在楼板内的套管，其顶部应高出装饰地面 20 mm，安装在卫生间及厨房内的套管，其顶部应高出装饰地面 50 mm，底部应与楼板底面相平；安装在墙壁内的套管其两端与饰面相平。穿过楼板的套管与管道之间缝隙应用阻燃密实材料和防水油膏填实，端面光滑穿墙套管与管道之间缝隙宜用阻燃密实材料填实，且端面应光滑。管道的接口不得设在套管内。

8. 给水支管和装有三个或三个以上配水点的支管始端，均应安装可拆卸连接件。

9. 冷热水管道上、下平行安装时热水管应在冷水管上方；垂直平行安装时热水管应在冷水管左侧。

（二）室内给水管道的安装

室内生活给水、消防给水及热水供应管道安装的一般程序是：引入管—水平干管—立管—横支管—支管。

1. 引入管的安装：引入管敷设时，应尽量与建筑物外墙轴线相垂直，这样穿过基础或外墙的管段最短。在穿过建筑物基础时，应预留孔洞或预埋钢套管。预留孔洞的尺寸或钢套管的直径应比引入管直径大 100～200 mm，引入管管顶距孔洞顶或套管顶应大于 100 mm，预留孔与管道间的间隙应用黏土填实，两端用 1∶2 水泥砂浆封口。当引入管由基础下部进入室内或穿过建筑物地下室进入室内时。其坡度应不小于 0.003，坡向室外。采用直埋敷设时，埋深应符合设计要求，当设计无要求时，其埋深应大于当地冬季冻土深度。

2. 水平干管的安装标高必须符合设计要求，并用支架固定。当水平干管布置在不采暖房间，并可能冻结时，应进行保温。为便于维修时放空，给水平水干管宜设 0.002～0.005 的坡度，坡向泄水装置。

3. 立管的安装：立管因须穿过楼板，应预留孔洞。为便于检修时不影响其他立管的正常供水，每根立管的始端应安装阀门，阀门后面应安装可拆卸件。立管应用管卡固定。

4. 横支管的安装：横支管的始端应安装阀门，阀门还应安装可拆卸件。还应设有 0.002～0.005 的坡度，坡向立管或配水点。支管应用托钩或管卡固定。

（三）管道的试压与清洗

1. 给水管道

（1）室内给水管道的水压试验必须符合设计要求。当设计未注明时，各种材质的给水管道系统试验压力均为工作压力的 1.5 倍，但不得小于 0.6 MPa。

检验方法：金属及复合管给水管道系统在试验压力下观测 10 min，压力降不大于 0.02 MPa。然后降到工作压力进行检查，应不渗不漏；塑料管给水系统应在试验压力下稳压 1 h，压力降不得超过 0.05 MPa，然后在工作压力的 1.15 倍状态下稳压 2 h，压力降不得超过 0.03 MPa，同时检查各连接处不得渗漏。

（2）给水系统交付使用前必须进行通水试验并做好记录。

检验方法：观察和开启阀门、水嘴等放水。

（3）生活给水管道在交付使用前必须消毒，并经有关部门取样检验，符合国家《生活饮用水质量标准》方可使用。

检验方法：检查有关部门提供的检测报告。

2. 热水供应管道

（1）热水供应系统安装完毕，管道保温之前应进行水压试验。试验压力应符合设计要求。当设计未注明时，热水供应系统水压试验压力应为系统顶点的工作压力加 0.1 MPa，同时在系统顶点的试验压力不小于 0.3 MPa。

检验方法：钢管或复合管道系统试验压力下 100 min 内压力降不大于 0.02 MPa，然后降至工作压力检查，压力应不降，且不渗不漏；塑料管道系统在试验压力下稳压 1h，压力降不得超过 0.05 MPa，然后在工作压力 1.15 倍状态下稳压 2h，压力降不得超过 0.03 MPa，连接处不得渗漏。

（2）热水供应系统竣工后必须进行冲洗。

检验方法：现场观察检查。

三、室内消防给水系统安装

（一）室内消防给水系统的分类及组成

室内消防给水系统有消火栓给水系统和自动喷水灭火系统。室内消火栓给水系统可分为多层建筑室内消火栓给水系统和高层建筑室内消火栓给水系统。

多层建筑室内消火栓给水系统是指 9 层及 9 层以下的住宅（包括底层设置商业网点的住宅）、建筑屋面为平屋面（包括有女儿墙的平屋面）时，建筑高度应为建筑室外设计地面至其屋面面层的高度。

（二）室内消火栓给水系统组件

1. 消防管道应采用镀锌钢管、焊接钢管

由引入管、干管、立管和支管组成。它的作用是将水供给消火栓，并且必须满足消火栓在消防灭火时所需水量和水压要求。消防管道的直径应不小于 50 mm。

2. 消火栓是带有内扣式的角阀

进口向下和消防管道相连，出口与水龙带相接。直径规格有 50 mm 和 65 mm 两种规格，其常用类型为直角单阀单出口型（SN）、45°单阀单出口型（SNA）、单角单阀双出口型（SNS）和单角双阀双出口型（SNSS），其公称压力为 1.6 MPa。

3. 消防水龙带按材料分类

消防水龙带按材料分为有衬里消防水龙带（包括衬胶水龙带和灌胶水龙带）和无衬里消防水龙带（包括棉水龙带和亚麻水龙带）。无衬里水龙带耐压低，内壁粗糙，阻力大，易漏水，寿命短，成本高，已逐渐被淘汰。消防水龙带的直径规格有 50 mm 和 65 mm 两种，长度有 10 m、15 m、20 m、25 m 四种。消防水龙带是输送消防水的软管，一端通过快速内扣式接口与消火栓、消防车连接，另一端与水枪相连。

4. 消防水枪是灭火的主要工具

其功能是将消防水带内水流转化成高速水流，直接喷射到火场，达到灭火、冷却或防护的目的。

5. 消火栓箱

消火栓箱是将室内消火栓、消防水龙带、消防水枪及电气设备集装于一体，并明装、暗装或半暗装于建筑物内的具有给水、灭火、控制、报警等功能的箱状固定式消防装置。消防栓箱按水龙带的安置方式有挂置式、盘卷式、卷置式和托架式四种。

6. 消防水泵接合器

消防水泵接合器是为建筑物配套的自备消防设施，用以连接消防车、机动泵向建筑物的消防灭火管网输水。消防水泵接合器有地上（SQ）、地下（SQX）和墙壁式消防水泵接合器（SQB）三种。

（三）自动喷水灭火系统

自动喷水灭火系统是在火灾发生时，可自动地将水喷洒在着火物上，扑灭火灾或隔离着火区域，防止火灾蔓延，并同时自动报警的消防给水系统。

1. 喷头

喷头是自动喷水灭火系统的关键部件，担负着探测火灾、启动系统和喷水灭火的任务。

2. 报警控制

报警控制是自动喷水灭火系统中的控制水源、启动系统、启动水力警铃等报警设备的专用阀门。按系统类型和用途不同分为湿式报警、干式报警和雨淋报警三大类。报警控制阀门的公称直径一般为 50 mm、65 mm、80 mm、100 mm、125 mm、150 mm、200 mm 和 250 mm 八种。

（四）室内消防给水系统安装

1. 室内消防给水管道的安装

管道穿墙、楼板时应预留孔洞，孔洞位置应正确，孔洞尺寸应比管道直径大 50 mm 左右。当管道穿越楼板为非混凝土、墙体为非砖砌体时，应设套管，穿墙套管长度不得小于墙体厚度，穿楼板套管应高出楼板面 50 mm。消防管道的接口不得在套管内。套管与穿管之间间隙应用阻燃材料填塞。消防管道系统的阀门一般采用闸阀或蝶阀，安装时应使手柄便于操作。

2. 消火栓箱的安装

消火栓箱采用暗装或半暗装时应预留孔洞。安装操作时，必须取下箱内的消防水龙带和水枪等部件。不允许用钢钎撬、锤子敲的办法将箱硬塞入预留孔内。

3. 室内消火栓系统试射试验

室内消火栓系统安装完毕后应取屋顶层（或水箱间内）试验消火栓和首层取两处消火栓做试射试验，达到设计要求为合格。

四、建筑中水系统安装

（一）建筑中水的概念

建筑中水是建筑物中水和小区中水的总称。中水是指各种排水经过处理后，达到规定的水质标准，可在生产、市政、环境等范围内杂用的非饮用水。其水质比生活用水水质差，比污水、废水水质好。

（二）建筑中水的用途

建筑中水可用于冲洗厕所、绿化、汽车冲洗、道路浇洒、空调冷却、消防灭火、水景、小区环境用水（如小区垃圾场地冲洗、锅炉湿法除尘等）。

由此可见，建筑中水系统是指以建筑的冷却水、淋浴排水、盥洗排水、洗衣排水等为水源，经过物理、化学方法的工艺处理，用于冲洗便器、绿化、洗车、道路浇洒、空调冷却及水景等的供水系统。

（三）中水系统的基本类型

1. 建筑中水系统

其原水取自建筑物内的排水，经处理达到中水水质指标后回用，是目前使用较多的中水系统。考虑到水量的平衡，可利用生活给水补充中水水量。具有投资少，见效快的优点。

2. 建筑小区中水系统

其原水取自居住小区的公共排水系统（或小型污水处理厂），经处理后可用于建筑小区。在建筑小区内建筑物较集中时，宜采用此系统，可设置雨水调节池或其他水源（如地面水或观赏水池等）以达到水量平衡。

3. 城市区域中水系统

是将城市污水经二级处理后再经深度处理作为中水使用。目前采用较少。该系统中水的原水主要来自城市污水处理厂、雨水或其他水源。

（四）建筑中水系统的组成

建筑中水系统由中水原水系统、中水原水处理系统、中水供水系统组成

1. 中水原水系统

中水原水指被选作中水水源而未经处理的水。中水原水系统包括室内生活污、废水管网，室外中水原水集流管网及相应分流、溢流设施等。

2. 中水原水处理系统

中水原水处理系统包括原水处理系统设施、管网及相应的计量检测设施。

3. 中水供水系统

中水供水系统包括中水供水管网及相应的增压、储水设备，如中水储水池、水泵、高位水箱等。

建筑物中水系统由中水管道（引入管、干管、立管、支管）及用水设备等组成。

（五）建筑中水系统的安装

1. 建筑中水系统安装的一般规定

（1）中水系统中的原水管道管材及配件要求与室内排水管道系统相同。

（2）中水系统给水管道检验标准与室内给水管道系统相同。

2. 建筑中水系统的安装

（1）中水供水系统必须独立设置。

（2）中水供水系统管材及附件应采用耐蚀的给水管材及附件。

（3）中水供水管道严禁与生活饮用水给水管道连接。

（4）中水管道不宜暗装于墙体和楼板内，如必须暗装于墙槽内时，则应在管道上有明显且不会脱落的标志。

（5）中水给水管道不得装设取水水嘴。便器冲洗宜采用密闭型设备和器具。绿化、浇洒、汽车清洗宜用壁式或地下式的给水栓。

（6）中水高位水箱应与生活高位水箱分设在不同房间内，如条件不允许只能设在同一房间时，与生活高位水箱的净距离应大于 2 m。

（7）中水管道与生活饮用水管道、排水管道平行埋设时，其水平净距离不得小于 0.5 m；交叉埋设时，中水管道应位于生活饮用水管道下面，排水管道的上面，其净距离不应小于 0.15 m。

（8）中水管道的干管始端、各支管的始端、进户管始端应安装阀门，并设阀门井，根据需要安装水表。

五、管道系统设备及附件安装

（一）离心式水泵安装

1. 离心式水泵的构造离心式水泵的主要工作部分有泵轴、叶轮和泵壳。

（1）泵轴的一端连接水泵的叶轮，另一端与电动机轴通过联轴器连接。

（2）叶轮由轮盘和若干弯曲的叶片组成，叶片一般有 6～12 片。

（3）泵壳是一个蜗壳，其作用是将水吸入叶轮，然后将叶轮甩出的水汇集起来，压入出水管。泵壳还起到将所有固定部分连成一体的作用。

2. 离心式水泵的分类

（1）按水泵叶轮的数量分单级泵（泵轴上只有一个叶轮）和多级泵（泵轴上连有两个或两个以上的叶轮，有几个叶轮就称几级泵）。

（2）按水进入叶轮的形式分单吸泵（叶轮只在一侧有吸水口，另一侧封闭）和双吸泵（叶轮两侧都有吸水口）。

（3）按水泵泵轴所处的位置分卧式泵（泵轴与水平面平行）和立式泵（泵轴与水平面垂直）。

（4）按水泵的扬程大小分低压泵、中压泵和高压泵。

（5）按输送水的情况分清水泵、污水泵和热水泵。

3. 离心式水泵的管路附件

水泵的工作管路有压水管和吸水管两条。压水管是将水泵压出的水送到需要的地方，管路上应安装闸阀、止回阀、压力表；吸水管是由水池至水泵吸水口之间的管道，将水由水池送至水泵内，管路上应安装吸水底阀和真空表，如水泵安装得比水池液面低时用闸阀代替吸水底阀，用压力表（正压表）代替真空表。

4. 离心式水泵的安装

水泵按其安装形式有带底座水泵和不带底座水泵。带底座水泵是指水泵和电动机一起固定在同一底座上，工程中多用带底座水泵。不带底座水泵是指水泵和电动机分设基础，工程中不多用。

（二）阀门、水表及水箱安装

1. 阀门安装

阀门的种类、型号、规格必须符合设计规定，启闭灵活严密，无破裂、砂眼等缺陷。安装前必须进行压力试验。

（1）阀门的强度和严密性试验

试验应在每批（同牌号、同型号、同规格）数量中抽查10%，且不少于一个。对于安装在主干管上的起切断作用的闭路阀门，应逐个做强度和严密性试验。阀门的强度和严密性试验，应符合以下规定：阀门的强度试验压力为公称压力的 1.5 倍；严密性试验压力为公称压力的 1.1 倍；试验压力在试验持续时间内应保持不变，且壳体填料及阀瓣密封面无渗漏。

（2）阀门安装的一般规定

阀门与管道或设备的连接有螺纹和法兰连接两种。安装螺纹阀门时，为便于拆卸一般一个阀门应配活接头一只，活接头设置位置应考虑便于检修；安装法兰阀门时，两法兰应相互平行且同心，不得使用双垫片。

2. 水表安装

水表应安装在便于检修，不受暴晒、污染和冻结的地方。水表应水平安装，安装方向应与水流方向一致。

安装分户水表，表前应安装阀门。引入管上的水表前后均应安装阀门，以便于水表的检查和拆卸。

3. 水箱安装

（1）给水水箱的安装

给水水箱在给水系统中起贮水、稳压作用，是重要的给水设备。多用钢板焊制而成，也可用钢筋混凝土制成。有圆形和矩形两种。

给水水箱一般置于建筑物最高层的水箱间内，对水箱间及水箱保温要求相同。

（2）水箱的满水试验和水压试验

敞口水箱的满水试验和密闭水箱的水压试验必须符合设计与施工规范的规定。

检验方法：满水试验静置 24h 观察，不渗不漏；水压试验在试验压力下 10 min 内压力不下降，不渗不漏。

（三）管道支架安装

管道的支承结构称为支架，是管道系统的重要组成部分。支架的安装是管道安装的重要环节。

支架的作用是支撑管道，并限制管道位移和变形，承受从管道传来的内压力、外荷载及温度变形的弹性力，并通过支架将这些力传递到支承结构或地基上。

1. 支架的类型及其结构

管道支架按支架材料不同分为钢结构、钢筋混凝土结构和砖木结构；按支架对管道的制约作用不同分为固定支架和活动支架两种类型；按支架自身构造情况的不同又分为托架和吊架两种。

2. 支架安装

（1）支架的安装要求

①支架的安装位置应正确，安装应平整、牢固，与管子接触紧密。

②支架标高应正确，对有坡度要求的管道，支架的标高应满足坡度要求。

③无热移动的管道，吊架的吊杆应垂直安装；有热位移的管道，吊杆应在位移的相反方向，按位移的1/2倾斜安装。

④固定支架应严格按设计要求安装，并在补偿器预拉伸之前固定。在有位移的直管段上，必须安装活动支架。

⑤支、托、吊架上不允许有管道焊缝及管件。

⑥管道支、托、吊架间距应符合设计要求及施工规范规定。

（2）支架的安装方法

有栽埋式安装、焊接式安装、膨胀螺栓安装、抱箍法安装和射钉式安装五种方法。

第二章　建筑排水系统

第一节　建筑排水体制和排水系统的组成

一、建筑排水系统分类

主要有粪便污水、生活废水、生活污水、生产污水（含酸、碱性污水）、生产废水（冷却废水）、工业废水（生产污水与生产废水合流排出）、屋面雨水（雨水、雪水）等排水系统。

（一）生活污水排水系统

用来排出人们日常生活中的盥洗、洗涤的生活废水和粪便污水。生活废水一般直接排入市政排水管道，而粪便污水通常由化粪池处理后排入市政排水管道。

（二）工业废水排水系统

用来排出工业生产过程中的污水（废水）。由于工业生产门类繁多，污废水性质极其复杂，因此又可按其遭受污染程度分为生产废水和生产污水两种，前者仅受轻度污染，一般直接排入市政排水管道；后者污染较严重，通常需要厂内处理后排入市政排水管道。

（三）建筑雨水排水系统

用以排出多层、高层建筑和大型厂房的屋面雨、雪水。

二、建筑排水体制

（一）建筑排水体制种类

1. 分流制
分流制即针对各种污水分别设单独的管道系统输送和排放的排水体制。

2. 合流制

合流制即在同一排水管道系统中可以输送和排放两种或两种以上污水的排水体制。

对于居住建筑和公共建筑—指粪便污水与生活废水的合流与分流；对于工业建筑—指生产污水和生产废水的合流与分流。

（二）需设单独的排水系统的建筑物

在下列情况下，建筑物须设单独的排水系统。

1. 公共食堂、肉食品加工车间、餐饮业洗涤废水中含有大量油脂。

2. 锅炉、水加热器等设备排水温度超过 40℃。

3. 医院污水中含有大量致病菌或含有放射性元素超过排放标准规定的浓度。

4. 汽车修理间或洗车废水中含有大量机油。

5. 工业废水中含有有毒、有害物质需要单独处理。

6. 生产污水中含有酸碱，以及行业污水必须处理回收利用。

7. 建筑中水系统中需要回用的生产废水。

8. 可重复利用的生产废水。

9. 室外仅设雨水管道而无生活污水管道时，生活污水可单独排入化粪池处理，而生活废水可直接排入雨水管道。

10. 建筑物雨水管道应单独排出。

（三）采用合流制排水系统的建筑物

在下列情况下，建筑物内部可采用合流制排水系统。

1. 当生活废水不考虑回收，城市有污水处理厂时，粪便污水与生活废水可以合流排出。

2. 生活污水与生产污水性质相近时。

三、排水系统的组成

（一）污（废）水收集器

包括卫生器具、生产污废水的排水设备（生产设备受水器）及雨水斗。

1. 便溺器具

便溺器具设置在卫生间和公共厕所，用来收集粪便污水。便溺器具包括便器和冲洗设备。便器有大便器和小便器，前者分为坐式大便器、蹲式大便器和大便槽，后者分为立式小便器、挂式小便器和小便槽。便溺器具的冲洗设备有冲洗阀和冲洗水箱两类，其中冲洗水箱又分为高冲洗水箱和低冲洗水箱。

2. 盥洗、淋浴器具

盥洗、淋浴器具设置在盥洗室、浴室、卫生间和理发室内，包括盥洗槽、洗脸盆、淋浴器、浴盆和净身器等。

3. 洗涤器具

洗涤器具包括设在厨房或食堂的洗涤槽、设在化验室或实验室的化验盆、设在公共空间的污水池和用于排出地面水的地漏。

为了不让排水管道内的臭气和有害气体进入室内，在卫生器具与排水管之间需要设隔臭装置，最常见的装置是存水弯。存水弯内的存水称为水封，其作用是隔断臭气和有害气体。规定水封深度不得小于 50 mm。坐式大便器与排水管之间不须设置存水弯。

（二）排水管道

包括排水横支管、排水立管、排出管。器具排水管是连接卫生器具和排水横支管之间的短管，除坐式大便器等自带水封装置的卫生器具外，均应设水封装置。

（三）通气管

通气管是指没有污（废）水通过的管段。通气管的作用为：

1. 向排水管道补给空气，使水流畅通，更重要的是减小排水管道内气压变化幅度，防止卫生器具水封破坏；

2. 使建筑物内部排水管道中散发的臭气和有害气体能排到大气中去；

3. 管道内经常有新鲜空气流通，可减轻管道内废气锈蚀管道的危害。

（四）清通设备

一般有检查口（1m）、清扫口、带有清通口的 90° 弯头、三通和存水弯以及检查井（3m）等做疏通排水管道之用。

（五）抽升设备

对于污废水难以自流排至室外时，须设水泵、空气扬水器和水射器等抽升设备。民用建筑的地下室、人防建筑、高层建筑的地下技术层等地下建筑物内的污（废）水不能自流排至室外时，必须设置污水抽升设备，常采用潜水排污泵。

（六）污水局部处理构筑物

当建筑内部污水不允许直接排入城市排水系统或水体时而设置的局部污水处理设施。

（七）室外排水管道

自排出管接出的第一检查井后至市政排水管道或工业企业排水主干管间的排水管段即为室外排水管道，其任务是将建筑物内的污（废）水排送到市政或工厂的排水管道中去。

第二节　建筑排水系统常用的材料

一、排水管材及附件

（一）常用排水管材

建筑排水管材主要有排水铸铁管、焊接钢管、无缝钢管、陶土管、耐酸陶土管、石棉水泥管、硬聚氯乙烯塑料管、特种管道。

生活污水管道一般采用排水铸铁管或硬聚氯乙烯管；当管径小于 50 mm 时，可采用钢管；生活污水埋地管道可采用带釉的陶土管。

1. 排水铸铁管

管材耐腐蚀性能强，直管长度一般为 1.0 ～ 1.5m。其连接方式为承插连接，常用的接口材料有普通水泥接口、石棉水泥接口、膨胀水泥接口等。在高层建筑中，有抗震要求地区的建筑物排水管道应采用柔性接口。

2. 塑料管

（1）主要种类

主要有硬聚氯乙烯管（UPVC）、聚丙烯管（PP）、聚丁烯管（PB）和工程塑料管（ABS）。

（2）排水塑料管道连接方法

主要有黏接、橡胶圈连接、螺纹连接。

（3）应用排水塑料管应注意的问题

①污水连续排放时，水温不大于 40℃，瞬时排放温度不大于 60℃。

②受环境温度和污水温度变化而引起长度伸缩，为了消除管道受温度影响而产生的胀缩，通常采用设伸缩节的方法。

（二）排水管道附件

1. 存水弯（水封管）

存水弯是设置在卫生器具排水支管上及生产污（废）水受水器泄水口下方的排水附件。其构造有 S 型和 P 型两种。在弯曲段内存有 50 ～ 100 mm 高度的水柱，称作水封，其作用是阻隔排水管道内的气体通过卫生器具进入建筑内而污染环境。存水弯的最小水封高度不得小于 50 mm。当卫生器具的构造已有存水弯时，在排水口以下可不设存水弯。

2. 检查口与清扫口

检查口是一个带盖板的开口短管，安装高度从地面至检查口中心为 1.0 m。

清扫口一般设在排水横管上，清扫口顶与地面相平。横管始端的清扫口与管道垂直的墙面距离不得小于 0.15 m。

埋地管道上的检查口应设在检查井内，检查井直径不得小于 0.7 m。

3. 通气帽

在通气管顶端应设通气帽，以防止杂物进入管内。

甲型通气帽采用 20 号铁丝编绕成螺旋形网罩，可用于气候较暖和的地区；乙型通气帽采用镀锌铁皮制成，适用于冬季室外温度低于 −12℃ 的地区，它可避免因潮气结冰霜封闭网罩而堵塞通气口的现象发生。

4. 隔油具

通常用于厨房等场所。对排入下水道前的含油脂污水进行初步处理。隔油具装在水池的底板下面，亦可设在几个小水池的排水横管上。

5. 滤毛器

理发室、游泳池、浴池的排水中往往挟带毛发等，易造成堵塞。

6. 地漏

地漏主要用于排出地面积水，通常设置在地面易积水或须经常清洗的场所。

二、卫生器具

（一）卫生器具的类型

1. 便溺用卫生器具及冲洗设备

（1）大便器

①蹲式大便器：用于防止接触传染的医院厕所内，采用高位水箱或带有破坏真空的延时自闭式冲洗阀进行冲洗。接管时须配存水弯。如盘形冲洗式蹲式大便器。

②坐式大便器：采用低位水箱冲洗，其构造本身带有存水弯。按冲洗原理分冲洗式和虹吸式两种。虹吸式有喷射虹吸坐便器和旋涡虹吸式坐便器。另外还有无线电遥控温水洗净坐便器。

（2）大便槽

采用集中冲洗水箱或红外数控冲洗装置冲洗。槽底坡度不小于 0.015，大便槽末端应设高出槽底 15 mm 的挡水坝，在排水口处应设水封装置，水封高度不应小于 50 mm。

（3）小便器及小便槽

①小便器

冲洗采用手动启闭截止阀或自闭式冲洗阀冲洗，成组布置的小便器采用红外感应自动冲洗装置、光电控制或自动控制的冲洗装置进行冲洗。

②小便槽

采用手动启闭截止阀控制的多孔冲洗管进行冲洗，但应尽量采用自动冲洗水箱。

（4）冲洗设备

便溺用卫生器具必须设置具有足够冲洗水压的冲洗设备，并且在构造上具有防止回流污染给水管道的功能。

①冲洗水箱

自动虹吸冲洗水箱（利用虹吸原理进行定时冲洗）、套筒式手动虹吸冲洗高水箱（拉杆大便器用）、提拉盘式手动虹吸冲洗低水箱（坐式）、手动水力冲洗低水箱（坐式）、光电数控冲洗水箱。

②冲洗阀

手动启闭截止阀（水便器、水便槽）、延时自闭式冲洗阀（大便器直接安装在冲洗管上，具有节约用水和防止回流污染功能）。

2. 盥洗及沐浴用卫生器具

（1）洗脸盆

有墙架式、柱脚式、台式等。

（2）盥洗槽

由瓷砖、水磨石构成，槽内靠墙一侧设有泄水沟，污水沿泄水沟流至排水栓。若超过3m设两个排水栓。

（3）浴盆

设有水力按摩装置的旋涡浴盆。材质：钢板搪瓷、玻璃钢、人造大理石。样式：裙板式、扶手式、防滑式、坐浴式、普通式。配有混合龙头和固定式或活动式淋浴喷头。

（4）淋浴器

按配水阀门和装置的不同，分普通式、脚踏式、光电淋浴器。

3. 洗涤用卫生器具

（1）洗涤盆（池）

材质为陶瓷、不锈钢、钢板搪瓷；安装方式：墙挂式、柱脚式、台式。

（2）污水盆（池）

供打扫卫生、洗涤拖布或倾倒污水用。

4. 专用卫生器具

饮水器、妇女卫生盆、化验盆（根据需要可装置单联、双联、三联的鹅颈龙头）。

5. 被限制和淘汰产品的水暖管件

（1）被强制淘汰产品

进水口低于水面（低进水）的卫生洁具水箱配件；水封小于 5 cm 的地漏，在所有新建工程和维修工程中禁止使用。

（2）被限制使用产品

普通承插口铸铁排水管（手工翻砂刚性接口铸铁排水管）；镀锌铁皮室外雨水管；螺旋升降式铸铁水嘴；铸铁截止阀，在住宅工程的室内部分中不准使用。

（二）卫生器具设置定额

地漏的设置：厕所、盥洗室、卫生间，以及需要在地面排水的房间都应设置。地漏应设置在易溢水的器具附近及地面最低处，其顶面标高应低于地面 5 ～ 10 mm，水封深度不得小于 50 mm。

每个卫生间应设置一个 10 cm×10 cm 规格的地漏。不同场所应采用不同类型的地漏。

（三）卫生器具的布置

1. 厨房卫生器具布置

居住建筑内的厨房一般设有单格或双格洗涤盆或污水池（盆）。公共食堂厨房内的洗涤池配有冷热水龙头，冷水龙头中附有皮带水龙头。

2. 厕所卫生器具布置

公共建筑及工厂男女厕所一般应设前室，并应在前室内设有洗脸盆、污水池。高级宾馆还设有自动干手器、固定皂液装置。医院内的厕所应重点考虑防止交叉污染，而尽量不采用坐式大便器；水龙头采用膝式、肘式、脚踏式水龙头。公共厕所内设置水冲式大便槽时，宜采用自动冲洗水箱定时冲洗。

3. 卫生间布置

一般住宅卫生间设有浴盆、坐便器、洗脸盆三件，对于要求较高的设有妇女卫生盆、挂式小便器。

4. 盥洗间卫生器具布置

标准较高的采用成排洗脸盆，并配有镜子、毛巾架；标准较低的采用瓷砖或水磨石盥洗台或盥洗槽。

5. 公共浴室布置

一般设有淋浴间、盆浴间、男女更衣室、管理间等。女淋浴间不宜设浴池。淋浴间可设无隔断的通间淋浴室或有隔断的单间淋浴室。前者应设有洗脸盆或盥洗台，后者设有浴盆、莲蓬头、洗脸盆和躺床。

第三节　排水管道布置与敷设

一、排水管道布置与敷设要求

排水管道布置与敷设要满足三个水力要素：管道充满度、流速和坡度。具体要求如下。

（一）管线最短、水力条件好

1. 排水立管应设在最脏、杂质最多及排水量大的排水点，以便尽快地接纳横支管的污水而减少管道堵塞机会。

2. 排水管应以最短距离通向室外。

3. 排水管应尽量直线布置，当受条件限制时，宜采用两处 45°弯头或乙字弯。

4. 卫生器具排水管与排水横支管宜采用 90°斜三通连接。

5. 横管与横管及横管与立管的连接宜采用 45°三（四）通或 90°斜三（四）通。也可采用直角顺水三通或直角顺水四通等配件。

6. 排水立管与排水管端部的连接，宜采用两个 45°弯头或弯曲半径不小于 4 倍管径的 90°弯头。

7. 排出管宜以最短距离通至室外，以免埋设在内部的排水管道太长，产生堵塞、清通维护不便等问题；排水管道过长则坡降大，必须加深室外管道的埋深。排出管与室外排水管道连接时，排出管管顶标高不得低于室外排水管管顶标高，其连接处的水流转角不得小于 90°。当有跌落差并大于 0.3m 时，可不受角度限制。

8. 最低排水横支管连接在排出管或排水横干管上时，连接点距立管底部水平距离不宜小于 3.0m。

9. 当排水立管仅设伸顶通气管（无专用通气管）时，最低排水横支管与立管连接处，距排水立管管底垂直距离不得小于规定。

10. 当建筑物超过 10 层时，底层生活污水应设单独管道排至室外。

（二）便于安装、维修和清通

1. 尽量避免排水管与其他管道或设备交叉。当排出管与给水引入管布置在同一处进出建筑物时，为便于维修和避免或减轻因排水管渗漏造成土壤潮湿腐蚀和污染给水管道的现象，给水引入管与排出管管外壁的水平距离不得小于 1.0 m。

2. 管道一般应在地下埋设或敷设在地面上、楼板下明装，如建筑或工艺有特殊要求时，可在管槽、管道井、管沟或吊顶内暗设，但应便于安装和维修。

3. 管道应避免布置在可能受设备振动影响或重物压坏处，因此管道不得穿越生产设备基础。

4. 管道应尽量避免穿过伸缩缝、沉降缝，若必须穿越时应采取相应的技术措施，以防止管道因建筑内部物的沉降或伸缩受到破坏。

（三）生产及使用安全

1. 排水管道的位置不得妨碍生产操作、交通运输或建筑物的使用。

2. 排水管道不得布置在遇水引起燃烧、爆炸或损坏的原料、产品与设备上面。

3. 架空管道不得布置在居室、食堂、厨房主副食操作间的上方；也不能布置在食品储藏间、大厅、图书馆和对卫生有特殊要求的厂房。

4. 架空管道不得吊设在食品仓库、贵重商品仓库、通风室及配电间内。

5. 生活污水立管应尽量避免穿越卧室、病房等对卫生及安装要求较高的房间，并应避免靠近与卧室相邻的内墙。

6. 管道不得穿过烟道、风道。

7. 当建筑物有防结露要求时，应在管道外壁有可能结露的地方，采取防露措施。

8. 管道穿越地下室外墙或地下构筑物的墙壁处，应采取防水措施。

（四）保护管道不受损坏

1. 排水埋地管道，不得布置在可能承受重物施压处或穿越生产设备基础。在特殊情况下，应与有关专业人员协商处理。

2. 排水管道不得穿过沉降缝、烟道和风道，并不得穿过伸缩缝。当受条件限制必须穿过时，应采取相应的技术措施。

3. 排水管道穿过承重墙或基础时，应预留孔洞。并且管顶上部净空尺寸不得小于建筑物沉降量，一般不宜小于 0.15 m。

4. 排水立管穿越楼板时，应设套管，对于现浇楼板应预留孔洞或镶入套管，其孔洞尺寸要求比管径大 50～100 mm。

5. 在厂房内排水管道最小埋深应符合规定，在铁轨下应采用钢管或给水铸铁管，并且最小埋深不得小于 1.0 m。

6. 铸铁排水管在下列情况下，应设置柔性接口。

（1）高耸建筑物和建筑高度超过 100 m 的建筑物内。

（2）排水立管高度在 50 m 以上或在抗震设防的 9 度地区。

（3）其他建筑在条件许可时，也可采用柔性接口。

7. 排水埋地管道应进行防腐处理。

8. 排水立管应采用管卡固定，管卡间距不得超过 3.0 m，管卡宜设在立管接头处；悬空管道采用支、吊架固定，间距不大于 1.0 m。

（五）防止水质污染

1. 下列设备和容器不得与污（废）水管道系统直接连接，应采取间接排水的方式。

（1）生活饮用水储水箱（池）的泄水管和溢流管。

（2）厨房内食品设备及洗涤设备的排水。

（3）医疗灭菌消毒设备的排水。

（4）蒸发式冷却器、空气冷却塔等空调设备的排水。

（5）储存食品或饮料的冷藏间、冷藏库房的地面排水和冷风机溶霜水盘的排水。

间接排水是指卫生器具或用水设备排出管（口）与排水管道直接相连，中间应有空气间隔断，使排水管出口直接与大气相通，以防水质受到污染。

2. 设备间的排水宜排入邻近的洗涤盆，如不可能时，可设置排水明沟、排水漏斗或容器。

3. 间接排水的漏斗或容器不得产生溅水、溢流，并应布置在容易检查、清洁的位置。

4. 排水管与其他管道共同埋设时，最小水平净距为 1.0～3.0 m，垂直净距为 0.15～0.2 m 左右。如果排水管平行设在给水管之上，并高出净距 1.5 m 以上时，其水平净距不得小于 5.0 m。交叉埋设时，垂直净距不得小于 0.4 m，并且给水管应设有保护套管。

二、检查口、清扫口和检查井的设置要求

1. 排水立管上应设检查口，其间距不宜大于 10 m，当采用机械清通时不宜大于 15 m，但在建筑物的底层和顶层必须设置。

2. 立管上检查口的中心距地面的高度一般为 1.0 m，与墙面成 15°夹角。检查口中心应高出该层卫生器具上边缘 0.15 m。

3. 立管上如果装有乙字管，则应在乙字管上装设检查口。

4. 在排水横管的直线管段上的一定距离处，应设清扫口，其最大间距应符合规定。

5. 当排水横管连接卫生器具数量较多时，在横管起端应设置清扫口。

6. 在水流转角小于 135°的污水横管上，应设清扫口。

7. 管径小于 100 mm 的排水管道上，设置清扫口的尺寸应与管道同径；管径等于或大于 100 mm 的排水管道上设置的清扫口，其尺寸应采用 100 mm。

8. 污水立管上的检查口或排出管上的清扫口至室外排水检查井中心的最大长度，应按规定确定。

9. 清扫口不能高出地面,必须与地面相平。污水横管起端的清扫口与墙面的距离不得小于 0.15 m。

10. 不散发有害气体和大量蒸汽的工业废水排水管道在下列情况下,可在室内设检查井。

(1)在管道转弯或连接支管处。

(2)在管道管径及坡度改变处。

(3)在直线管段上每隔一定距离处(生产废水不宜大于 30m;生产污水不宜大于 20m)。

三、排水沟排水的适用条件及敷设要求

1. 对于不散发有害气体或不产生大量蒸汽的工业废水和生活污水,在下列条件下可采用有盖或无盖的排水沟排出。

(1)污水中含有大量的悬浮物或沉淀物,需要经常冲洗。

(2)生产设备排水支管较多,用管道连接有困难。

(3)生产设备排水点的位置不固定。

(4)地面需要经常冲洗。

2. 食堂、餐厅的厨房、公共浴池、洗衣房、车间等场合多采用排水沟排水。

3. 采用排水沟排水时,如果污水中挟带纤维或大块物体,应在排水沟与排水管道连接处设格网或格栅。

4. 在室内排水沟与室外排水管道连接处应设置水封装置。

5. 生活污水不宜在建筑物内设检查井,当必须设置时,应采取密封措施。

四、硬聚氯乙烯管道布置与敷设要求

1. 管道不宜布置在热源附近,当不能避免并导致管道表面温度大于 60℃时,应采取隔热措施。立管与家用灶具边缘净距不得小于 0.4m。

2. 横干管不宜穿越防火分区分隔墙和防火墙;当不可避免时,应在管道穿越墙体处的两侧,采取防火灾贯穿的措施。

3. 管道穿越地下室外墙时应采取防渗漏措施。

4. 排水立管仅设伸顶通气管时,最低横支管与立管连接处至排出管管底的垂直距离应符合规定。

5. 当排水立管在中间层竖向拐弯时,排水支管与横管连接点至立管底部水平距离不得小于 1.5 m,排水竖支管与立管拐弯处的垂直距离不得小于 0.6 m。

6. 伸顶通气管应高出屋面(含隔热层)0.3 m,且应大于最大积雪厚度。在经常有人活动的屋面,通气管伸出屋面不得小于 2.0 m。伸顶通气管管径不宜小于立管管径,并且最小管径不宜小于 110 mm。

7. 排水立管应设伸顶通气管，顶端应设通气帽。当无条件设置伸顶通气管时，宜设置补气阀。

8. 管道受环境温度变化而引起的伸缩量 $\Delta L=L \cdot \alpha \cdot \Delta t$。$\alpha$ 为线胀系数，采用$(6\sim8)\times10\text{-}5$ W/$(m \cdot ℃)$

9. 管道设置伸缩节，应符合下列规定：

（1）当层高小于或等于 4 m 时，污水立管和通气立管应每层设一个伸缩节；当层高大于 4 m 时，其数量应根据管道设计伸缩量和伸缩节允许伸缩量计算确定。

（2）污水横支管、横干管、器具通气管、环形通气管和汇合通气管上无汇合管件的直线管段大于 2.0 m 时，应设伸缩节，伸缩节之间最大间距不得大于 4.0 m。

10. 伸缩节设置位置应靠近水流汇合管件，并应符合下列规定：

（1）立管穿越楼层处为固定支承且排水支管在楼板之下接入时，伸缩节应设置于水流汇合管件之下。

（2）立管穿越楼板处为固定支承且排水支管在楼板之上接入时，伸缩节应设于水流汇合管件之上。

（3）立管穿越楼层处如不固定支承时，伸缩节设置于水流汇合管件之上或之下均可。

（4）立管上无排水支管接入时，可按伸缩节设计间距，置于楼层任何部位均可。

（5）横管上设置伸缩节应设于水流汇合管件上游端。

（6）立管穿越楼层处为固定支承时，伸缩节不得固定；伸缩节固定支承时，立管穿越楼层处不得固定。

（7）伸缩节插口应顺水流方向。

（8）埋地或埋设于墙体、混凝土柱体内的管道不应设伸缩节。

11. 清扫口或检查口设置应符合下列规定：

（1）立管在底层或楼层转弯处应设置检查口，在最冷月平均气温低于 -13℃ 的地区，立管应在最高层距层内顶棚 0.5 m 处设置检查口。

（2）立管宜每六层设一个检查口。

（3）在水流转角小于 135° 的横干管上应设检查口或清扫口。

（4）公共建筑内，在连接 4 个及 4 个以上大便器的污水横管上宜设置清扫口。

12. 当排水管道在地下室、半地下室或室外架空布置时，立管底部设支墩或采取固定措施。

第四节 建筑通气管系统和污水处理系统

一、通气管系统

（一）伸顶通气管设置条件与要求

1. 生活污水管道或散发有害气体的生产污水管道均应设置伸顶通气管。当无条件设置伸顶通气管时，可设置不通气立管。

2. 通气管应高出屋面 0.3 m 以上，并大于最大积雪厚度。通气管顶端应装设风帽或网罩，当冬季采暖温度高于 -15℃ 的地区，可采用铅丝球。

3. 在通气管周围 4 m 内有门窗时，通气管口应高出窗顶 0.6 m 或引向无门窗一侧。在上人屋面上，通气管口应高出屋面 2.0 m 以上，并应根据防雷要求，考虑设置防雷装置。

4. 通气管口不宜设在建筑物挑出部分（如檐口、阳台和雨篷等）的下面。

5. 通气管不得与建筑物的通风道或烟道连接。

（二）专用通气系统设置条件与要求

1. 当生活污水立管所承担的卫生器具排水设计流量超过无专用通气立管最大排水能力时，应设置专用通气立管。

2. 专用通气管应每两层设结合通气管与排水立管连接，其上端可在最高层卫生器具上边缘或检查口以上与污水立管的通气部分以斜三通连接，下端应在最低污水横支管以下与污水立管以斜三通相连接。

（三）辅助通气系统设置条件及要求

辅助通气系统由主通气立管或副通气立管、伸顶通气管、环形通气管、器具通气管和结合通气管组成，其通气标准高于专用通气系统。

1. 下列污水管段应设环形通气管：

（1）连接 4 个及 4 个以上卫生器具并与立管的距离大于 12 m 的污水横支管。

（2）连接 6 个及 6 个以上大便器的污水横支管。

2. 对卫生、安静要求较高的建筑物，其生活污水管道宜设置器具通气管。

3. 通气管与污水管连接，应遵守下列规定。

（1）器具通气管应设在存水弯出口端；环形通气管应在横支管上始端的两个卫生器具间接出，并应在排水支管中心线以上与排水支管呈垂直或 45°连接。

（2）器具通气管、环形通气管应在卫生器具上边缘之上不小于 0.15 m 处，以不小于 0.01 的上升坡度与通气立管相连。

（3）专用通气立管和主通气立管的上端可在最高层卫生器具上边缘或检查口以上与污水立管的通气部分以斜三通连接，下端应在最低污水横支管以下与污水立管以斜三通相连。

（4）主通气立管每 8～10 层设结合通气管与污水立管连接。

（5）结合通气管可用 H 管件替代，H 管与通气管的连接点应设在卫生器具上边缘以上不小于 0.15 m 处。

（6）当污水立管与废水立管合用一根通气立管时，H 管配件可隔层分别与污水立管和废水立管连接，但最低横支管连接点以下应装设结合通气管。

（四）通气管管径的确定

1. 通气管管径应根据污水管排水能力及管道长度确定，一般不宜小于排水管管径的 1/2。

2. 通气管长度在 50 m 以上时，其管径应与污水立管管径相同。

3. 两个及两个以上污水立管同时与一根通气立管相连时，应按最大一根污水立管确定通气立管管径，并且不得小于最大一根立管管径。

4. 结合通气管不宜小于通气立管管径。

5. 当两根或两根以上污水立管的通气管汇合连接时，汇合通气管的断面面积应为最大一根通气管的断面面积加上其余通气管断面面积之和的 0.25 倍。

6. 污水立管上部的伸顶通气管管径可与污水立管管径相同，但在最冷月平均气温低于 -13℃ 的地区，应在室内平顶或吊顶以下 0.3m 处将管径放大一级。

7. 排水系统采用硬聚氯乙烯管时按通气管管径确定。

（1）通气管最小管径应符合要求。

（2）两根及两根以上污水立管同时与一根通气立管相连时，应以最大一根污水立管确定通气立管管径，并且管径不宜小于其余任何一根污水立管管径。

（3）结合通气管当采用 H 管时，可隔层设置。H 管与通气立管的连接点应高出卫生器具上边缘 0.15m。

（4）当生活污水立管与生活废水立管合用一根通气立管，并且采用 H 管为连接管件时，H 管可错层分别与生活污水立管和废水立管间隔连接。但是最低生活污水横支管连接点以下应装设结合通气管。

通气管材可采用塑料管、排水铸铁管、镀锌钢管等。

二、污（废）水抽升与局部污水处理

（一）污（废）水抽升

1. 污（废）水抽升设备

离心式水泵是建筑内部污水抽升最常用的设备，主要有潜水泵、液下泵和卧式离心泵。其他还有气压扬液器（卫生要求较高）、射流泵（扬升高度不大于 10 米）等。

水泵的选择主要依据设计流量和扬程。当水泵为自动控制启闭时，水泵设计流量按排水的设计秒流量计算；当水泵为人工控制启闭时，其设计流量按排水的最大小时流量计算。在确定水泵的扬程时，应根据水泵提升管段相应流量下所需的压力与提升高度相加获得之。考虑水泵在使用过程中因堵塞而使阻力加大的因素，可增大 1 ~ 2kPa，作为安全扬程。

2. 集水池

在集水池前，一般要设置格栅，目的是用来拦截污水中大块悬浮物，以保证水泵安全运行及防止吸水管堵塞。

生活污水集水池不得有渗漏，池壁应采取防腐措施，集水池池底设有不小于 0.01 的坡度，坡向吸水坑，池底应设冲洗管，以防污泥在池中沉淀。集水池应装设水位指示装置和通气管，以便操作管理和排出臭气。

集水池的有效水深（最高水位至最低水位间距）一般为 1.5 ~ 2.0m。清理格栅工作平台应比最高水位高出 0.5m。格栅清理分人工清理和机械清理两种，采用人工清理时，其平台宽度不小于 1.2m。为了保证良好的吸水条件，在集水池底部设吸水坑。吸水管喇叭口下缘距集水池最低水位不小于 0.5m，距坑底不小于喇叭进口直径的 0.8 倍，集水池工作平台四周应设保护栏，从平台到池底应设有爬梯。

（二）生活污水的局部处理

当建筑内部排出的污（废）水的水质达不到排入市政排水管道或排放水体的标准时，应在建筑内部或附近设置局部处理构筑物处理。

1. 化粪池

化粪池是较简单的污水沉淀和污泥消化处理的构筑物，它是一种利用沉淀和厌氧发酵原理去除生活污水中悬浮性有机物的最初级处理构筑物。当建筑物所在的城镇或小区内没有集中的污水处理厂时，建筑物排放的污水在进入水体或市政排水管道前，目前一般采用化粪池进行简单处理。

生活污水中含有大量粪便、纸屑、病原虫等杂质，污水进入化粪池经过沉淀，沉淀下来的污泥经过厌氧消化，使污泥中的有机物分解成稳定的无机物，污泥需要定期清掏。污泥经化粪池发酵后可以做肥料。

污水在化粪池中的停留时间是影响化粪池出水的重要因素，污水的停留时间为
12～24h。污泥清掏周期是指污泥在化粪池内的平均停留时间，一般不少于90d。

为了减少污水腐化污泥的接触时间及便于污泥清掏，一般分为双格或三格。又有单池
和双池之分，有覆土和不覆土的。

化粪池宽度不得小于0.75 m，长度不得小于1.0 m，深度不得小于1.3 m（深度系指
从溢流水面到化粪池底的距离）。化粪池的直径不得小于1.0 m。在其进口处应设置导流
装置，格与格之间和化粪池出口处应设置拦截污泥浮渣的设施。化粪池格与格之间和化粪
池与进口连接井之间应设通气孔洞。

化粪池的设置位置应便于清掏，宜设于建筑物背大街侧，靠近卫生间，不宜设在人经
常停留的场所。要求化粪池距离地下取水构筑物不得小于30 m，离建筑物净距不宜小于5
m，距生活饮用水储水池应有不小于10 m的卫生防护净距。

2. 降温池

温度高于40℃的污（废）水，排入城镇排水管道前，应采取降温措施。一般宜设降
温池，其降温方法主要为二次蒸发，通过水面散热和添加冷却水的方法，以利用废水冷却
降温为好。

对温度较高的污（废）水，应考虑将其所含热量回收利用，然后再采用冷却水降温的
方法，当污（废）水中余热不能回收利用时，可采用常压下先二次蒸发，然后再冷却降温。

降温池一般设于室外，如设于室内，水池应密闭，并应设置入孔和通向室外的通气
管。

3. 隔油池（井）

肉类加工厂、食品加工厂、饮食业、公共食堂等含有较多的食用油脂污水和汽车修理
间及汽车洗车含有少量轻质油的污水需要进行隔油处理。为了使积留下来的油脂有重复利
用的条件，粪便污水和其他污水不得排入隔油池内。

隔油池（井）内存油部分的容积不得小于该池（井）有效容积的25%，清掏周期不宜
大于6d，以免污水中有机物因发酵产生臭味而影响环境卫生。

对挟带杂质的含油污水，应在隔油池（井）内设有沉淀部分容积，以保证隔油效果。

含有轻质油的污水隔油池（井）的排出管至井底深度不宜小于0.6 m，并设活动盖板
以便维修。对处理水质要求较高时，可采用两级隔油池（井）。

采用小型隔油具应安装在污水排出设备下部。

4. 小型沉淀池与沉砂池

对水泥厂、砼预制构件厂、洗煤厂、铸造厂等工业企业排出含有大量的悬浮物质的污
水，在排入城市地下水道之前应设置沉砂池或沉淀池，用以去除较大颗粒的杂质。

（1）沉淀池

水中悬浮颗粒依靠重力作用从水中分离出来的过程称为沉淀。

小型沉淀池常用的有平流式和竖流式两种形式。

（2）沉砂池

主要作用是去除污水中密度较大的无机性悬浮物，如砂粒、煤渣等。排砂可采用斗底带闸门的排砂管的重力排砂法，也可采用射流泵、螺旋砂排砂的机械排砂法。污水在沉砂池中停留时间不小于30s（30～60s）。

第五节　居住小区排水系统

一、居住小区给水系统

（一）居住小区给水系统的分类与组成

居住小区给水工程是指城镇中居住小区、居住组团、街坊和庭院范围内的建筑外部给水工程，不包括城镇工业区或中小工矿的厂区给水工程。

1. 居住小区给水系统的分类

（1）低压统一给水系统

对于多层建筑群体，生活给水和消防给水都不须要过高的压力。

（2）分压给水系统

用于高层建筑和多层建筑混合居住小区内。

（3）分质给水系统

适用于严重缺水或无合格原水地区。即将冲洗、绿化、浇洒道路等用水水质要求低的水量从生活水量中区分出来，确立分质给水系统，以充分利用当地的水资源。

（4）调蓄增压给水系统

对处于混合区的高层建筑的较高部分的系统均必须调蓄增压，即设有水池和水泵进行增压给水。调蓄增压给水系统又分为分散、分片和集中调蓄增压系统。

2. 居住小区给水系统的组成

（1）小区给水管网

接户管：布置在建筑物周围，直接与建筑物引入管相接的给水管道。

给水支管：布置在居住组团内道路下与接户管相接的给水管道。

给水干管：布置在小区道路或城市道路下与小区支管相接的管道。

（2）储水、调节、增压设备

储水池、水箱、水泵、气压罐、水塔等。

（3）室外消火栓

布置在小区道路两侧用来灭火的消防设备。

（4）给水附件

保证给水系统正常工作所设置的各种阀门等。

（5）自备水源系统

对于严重缺水地区或离城镇给水管网较远的地区，可设置自备水源系统，一般由取水构筑物（以地下式为多）、水泵、净水构筑物、输水管网等组成。

（二）地下取水构筑物

1. 管井

（1）管井的构造

井室：其作用是保护管井井口免受污染，用来安放设备、进行维护管理。按井室与地表的关系可分为地面式泵站、地下式泵站和半地下式泵站；按使用的水泵类型可分为深井泵站、潜污泵站。

井壁管：其作用是加强井壁，隔离不适宜取水的含水层。井壁管应有一定的强度，以承受地层和人工填充物侧压力，并保证不弯曲，内壁面圆整、平滑，以利于安装抽水设备，利于井的清洗与维修。

过滤管：亦称滤水管，是管井的重要组成部分，装于含水层中，作用是集水且保持填砾和含水层的稳定。有钢筋骨架过滤器、圆孔条孔过滤器、包网过滤器、缠绕过滤器和填砾过滤器。

沉砂管：亦称沉淀管，位于过滤器的下部，用来沉淀进入管内的细小砂粒或其他各类沉淀物。一般井深小于 20 m 时取 2 m，井深大于 90 m 时取 10 m。

管井的建造一般按钻凿井眼、井管安装、井管外封闭、洗井及抽水试验等顺序进行。

（2）管井出水量计算

理论公式计算精度不高，适用于水源选择、供水方案确定和初步设计阶段；经验公式须依据详细的水文地质资料进行，结果可靠，较能符合实际，适用于施工图设计阶段。

2. 大口井

（1）井筒

对不适宜的含水层有很好的阻隔作用。

（2）井口

井筒地表以上部分称为井口。井口应高出地面 0.5 m 以上，周围应封闭良好，并有宽度不小于 1.5 m 的散水坡，以防止地表面污水的侵入。井口上应设置井盖，以起保护作用，井盖上设有入孔、通气管，以便维护和通风。

（3）进水部分

井壁进水可采用井壁孔进水，也可采用透水井壁进水。井壁进水须在孔内用一定级别的滤料装填，在含水层颗粒较大时，可以考虑采用无砂砼整体浇制的井壁进水。当大口井采用井底进水时，应在井底铺设反滤层，井底反滤层往往是大口井的主要进水面积，其好坏直接影响大口井的质量。

3. 泵站

（1）一级泵站（取水泵站）：将原水从水源输出，送至净化的构筑物；

（2）二级泵站（清水泵站或出水泵站）：将净化后的水输送到用户。

（三）小区给水管道的布置

1. 小区给水管道布置原则及要求

（1）小区干管应布置成环状或与城镇给水管道连成环网。小区支管和接户管可布置成枝状。

（2）小区干管宜沿用水量较大的地段布置，以最短距离向大用户供水。

（3）给水管道宜与道路中心线或主要建筑物呈平行敷设，并尽量减少与其他管道的交叉。

（4）给水管道净距是指管外壁距离，管道交叉设套管时指套外壁距离，直埋式热力管道指保温管壳外壁距离。

（5）给水管道与建筑物基础的水平净距：管径为 100～150 mm 时，不宜小于 1.5 m；管径为 50～75 mm 时，不宜小于 1.0 m。

（6）生活给水管道与污水管道交叉时，给水管应敷设在污水管道上面，且不应有接口重叠；当给水管道敷设在污水管道下面时，给水管的接口离污水管的水平净距不宜小于 1.0 m。

水管管顶以上的覆土深度，在不冰冻地区由外部荷载、水管强度、土壤地基、其他管线交叉等条件决定，金属管道一般不小于 0.7 m，非金属管道不小于 1.0～1.2 m。

冰冻地区，管道除了以上考虑外，还要考虑土壤冰冻深度。缺乏资料时，管底在冰冻线以下的深度如下：管径在 300～600 mm 时为 0.75d；管径大于 600 mm 时，为 0.5 d。

在土壤耐压力较高和地下水位较低处，水管可直接埋在管沟中未扰动的天然地基上。在岩基上，应铺设砂垫层。对淤泥和其他承载能力达不到设计要求的地基，必须进行基础处理。

给水管道相互交叉时，其净距不应小于 0.15 m。与污水管相平行时，间距取 1.5 m。生活饮用水给水管道与污水管道或输送有毒液体管道交叉时，给水管道应敷设在上面，且不应有接口重叠；当给水管敷设在下面时，应采用钢管或钢套管。

埋地管道的管顶最小覆盖厚度，在车行道下，一般不应小于 0.7 m。当土壤的冰冻线很浅，且保证管道在不受外部荷载损坏时，其覆土厚度可酌情减少。

2. 布置类型及特点

（1）直接给水方式

城镇给水管网的水量、水压能满足小区的供水要求，应采用直接给水方式。

（2）设有高位水箱的给水方式

城镇给水管网的水量、水压周期性不足时，应采用该给水方式，可以在小区集中设水塔或者分散设高位水箱。但必须注意避免水的二次污染及有无防冻措施。

（3）小区集中或分散加压的给水方式

城镇给水管网的水量、水压经常性不足时，应采用小区集中或分散加压的方式。由水泵结合水池、水塔、水箱、气压罐等供水，有多种组合方式。

（四）水柜、储水池和水泵

1. 水柜

水柜（水箱）：水柜的作用是储存水量，多采用圆形。水柜应有良好的不透水性，在寒冷地区，应有一定的防冻措施。

柜体：支承水柜，其形状有圆筒形和支柱形两种。

管道：向水柜输水，向管网供水，并保证输水、供水正常运行。为了防止污染，进水管和出水管宜分开设置。为观察水柜内水位变化，应设浮标水尺或电气水位计。

基础：独立基础、条形基础和整体基础。

2. 储水池

水池应有单独的进水管和出水管，接管位置应有利于水的循环；溢流管管径与进水管相同；放空管设在集水坑内。容积在 1000 m3 以上的水池，至少应设两个检修孔，其尺寸大小应满足配件进出。为加强循环，池内应设导流墙，另外还应设置通风孔。

（五）小区给水系统常用管材、配件及附属构筑物

1. 常用管材

（1）给水铸铁管

高压管（工作压力小于 980 kPa）、普压管（小于 735 kPa）、低压管（小于 441 kPa），质重性脆，不耐振动。球墨铸铁有铸铁管的耐腐蚀性和钢管的韧性。

连接形式：承插式、法兰盘式。

（2）预应力和自应力栓管（以矾土水泥、石膏、豆石为原料，离心法成型）

具有良好的抗渗性和抗裂性，承插式接口，用圆形断面的橡胶圈作为接口材料。

（3）钢管

焊接钢管分为直缝钢管和螺旋卷焊钢管，普通钢管的工作压力不超过 10 MPa，高压管可采用无缝钢管。

（4）塑料管

硬聚氯乙烯（UPVC）管：适用于输送温度不超过 45℃的水。

聚乙烯管 PE、ABS 管：具有较高的耐冲击强度和表面硬度，并不受电腐蚀和土壤腐蚀。

聚丙烯（PP）管：强度、刚度和热稳定性都高于 PE。

聚丁烯（PB）管：独特的抗冷变形的性能，在低于 -80℃的条件下有良好的稳定性，并能抗细菌、藻类和霉菌。

2. 给水管网的附件

（1）阀门的设置

阀门是用来调节管线中的流量或水压。主要管线和次要管线交接处的阀门常设在次要管线上。

设置原则：小区干管从城镇给水管接出处；小区支管从小区干管接出处；接户管从小区支管接出处；环状管网须调节和检修处。一般设置在阀门井内，常采用的一般是蝶阀和闸阀。

（2）排气阀和泄水阀

排气阀安装在管线的高起部位，用以在初运行时（投产）或平时及检修后排出管内空气；在产生水击时可自动排入空气，以免形成负压。分单口和双口两种，地下管线的应安装在排气阀门井内。

在管线的最低点须安装泄水阀，用以排出水管中的沉淀物，以及检修时放空存水。

（3）室外消火栓

分地上式和地下式。地上式易于寻找，使用方便，但易破坏。地下式适于气温较低的地区，一般安装在消火栓井内。消火栓应设在交叉路口的人行道上，距建筑物在 5 m 以上，距离车行道应不大于 2 m，使消防车易于驶近。

3. 给水管网附属构筑物

（1）给水阀门井

地下管线的阀门一般设在阀门井。阀门井分地面操作和井内操作两种方式。

（2）管道支墩

给水管承插接口的管线在弯头、三通及管端盖板处，均能产生向外推力，当管径等于或大于 400 mm，且试验压力大于 980 kPa 或管道转弯角度大于 5°～ 10°时，必须设置支墩，以防推力较大而引起接头松动甚至脱节造成漏水。

为抵抗流体转弯时对管道的侧压力，在管道水平转弯处设侧向支墩；在垂直向上转弯处设垂直向上弯管支墩；在垂直向下转弯处用拉筋将弯管和支墩连成一体。

二、居住小区排水系统

（一）概述

1. 污水分类

居住小区排水系统按其所排出的污水种类不同分为生活污水排水系统、工业废水排水系统和雨水排水系统。

2. 排水系统体制

排水系统的体制有分流制和合流制两种。

（1）分流制排水系统

将生活污水、工业废水和雨水分别采用两套及两套以上各自独立的排水系统进行排出的方式称为分流制排水系统。其中排出生活污水和工业废水的系统称为污水排水系统；排出雨水的系统称为雨水排水系统。

（2）合流制排水系统

将生活污水、工业废水和雨水混合在同一管渠系统内进行排出的方式称为合流制排水系统。

3. 排水系统组成

小区排水管道、化粪池、隔油池、检查井、市政排水管道、小区雨水管道、雨水口、市政雨水管道。

（二）小区排水管的布置与敷设

1. 布置原则

（1）按管线短、埋深小、尽量自流排出的原则确定。排水管道尽量采用重力流形式，避免提升。由于污水在管道中靠重力流动，因此管道必须有坡度。

（2）排水管道一般沿道路、建筑物平行敷设。污水干管一般沿管路布置，不宜设在狭窄的道路下，也不宜设在无道路的空地上，而通常设在污水量较大或地下管线较少一侧的人行道、绿化带或慢车道下。

（3）当管道埋深浅于基础时，应不小于 1.5 m；当管道埋深深于基础时，应不小于 2.5 m。

（4）排水管线尽量避免穿越地上和地下构筑物。

（5）管线应布置在建筑物排出管多并且排水量较大的一侧。

（6）排水管道转弯和交接处，水流转角应不小于 90°，当管径小于 300 mm，且跌水水头大于 0.3 m 时，可不受限制。

（7）管线布置应简捷顺直，不要绕弯，注意节约大管道的长度。避免在平坦地段布置流量小而长度大的管道，因流量小，保证自重流速所需的坡度较大，而使埋深增加。

2. 敷设原则

（1）因污水管道主要是重力流管道，其埋设较其他管线深，且有很多支管，连接处都要设检查井，对其他管线的影响较大，所以在管线综合时，应首先考虑污水管道在平面和垂直方向上的位置。

（2）由于污水管道渗漏的污水会对其他管线产生影响，所以应考虑管道之间的最小净距要求。当其他管线与排水管道有少许相碰时，管道顶部允许做适当压缩后便于各自按原坡度通过。

（3）管道的埋设深度指管底内壁到地面的距离，因为管道埋深越大，工程造价就越高，施工难度也越大，所以管道埋深有一个最大限制，称为最大埋深。

（4）管道的覆土厚度是管道外壁顶部到地面的距离。尽管管道埋深越小越好，但管道的覆土厚度有一个最小限值，叫最小覆土厚度，通常由所在地区的冻土深度、管道的外部荷载、房屋连接管的埋深等因素决定。规范规定，无保温措施的生活污水管道或水温与生活污水接近的废水管道，管底可埋设在冰冻线以上 0.15 m。污水管道在车行道下的最小覆土厚度不宜小于 0.7 m。考虑房屋污水排出管的衔接，污水支管起点埋深一般不小于 0.7 m。因此，综上所述，其中的最大值就是管道的最小覆土厚度。

（三）小区排水常用管材及附属物

1. 排水常用管材

（1）混凝土管和钢筋混凝管

抗酸碱侵蚀及抗渗性能较差。一般有承插式、企口式和平口式。

（2）金属管

抗酸碱腐蚀能力差，一般只在外部荷载很大或渗漏要求特别高的情况下考虑使用。

（3）塑料管

主要用在小口径管道，耐腐蚀、内壁光滑。

2. 排水管道基础及接口

（1）排水管道基础

分地基、基础和管座三部分。

砂土基础：弧形素土基础、砂垫层基础（H ≥ 200 mm）。

砼枕基：只在管道接口处才设置管道局部基础，适用于干燥土壤中，雨水管道及不太重要的排水支管。

砼带形基础：沿管道全长铺设的基础，按管座不同可分为 90°、135°、180° 三种管座基础，适用于多种潮湿土壤，以及地基软硬不均匀的排水管道。

（2）排水管道接口

不透水性、耐久性。

柔性接口：石棉沥青卷材接口、橡胶圈接口，适用于地基沿管道纵向沉陷不均匀管道上，后者对抗震有显著作用。

刚性接口：水泥砂浆抹带接口和钢丝网水泥砂浆抹带接口，适用于地基较好具有带形基础的排水管道上。

半柔性接口：预制套管石棉水泥接口（水∶石锦∶水泥的比例为1∶3∶7）沥青砂（1∶0.67∶0.67）。

3. 排水管渠上的附属构筑物

（1）检查井

设置在排水管道的交汇处、转角处和管径、坡度、高程变化处，以及直线管段上每隔一定距离处。相邻两个检查井之间的管段应在一直线上。

由井底（包括基础）、井身、井盖座和井盖组成。为使水流通过检查井时阻力较小，井底宜设半圆形或弧形流槽。进入的检查井由工作室、渐缩部和井筒组成。

（2）跌水井

跌水井是设有消能设施的检查井，其作用是连接两段高程相差较大的管段。分竖管式和溢流堰式（竖管式适用于直径小于或等于400 mm的管道；溢流堰式适用于直径大于400 mm的管道）。由于水流跌落时具有很大的冲击力，所以井底要坚固，要有减速防冲及消能设施。

当管道跌水高度在1m以内时，可以不设跌水井，只要将检查井井底做成斜坡即可，不采取专门的跌水措施。管道在转弯处不宜设跌水井。

（3）雨水口

雨水口用于收集地面雨水，然后经过连接管流入雨水管道。合流制管道上的雨水口必须设有水封管，以免管道井内的臭气散发到地面上来，一般设在距离交叉路口、路侧边沟有一定距离且地势较低的地方。包括进水箅、井底和连接管。

（4）水封井

当生产污水能产生引起爆炸和火灾的气体时，其废水管道系统必须设水封井。不宜设在车行道和行人众多的地段，并应适当地远离产生明火场所。水封深度一般采用0.5m。井上宜设通风管，井底宜设沉泥槽。

（四）小区污水管道水力计算

1. 设计充满度

设计充满度是污水在管道中的水深与管径的比值。

2. 设计流速

设计流速是与设计流量、设计充满度相应的水流平均流速。为防止管道中产生淤积或冲刷，设计流速不宜过小或过大，应在最大和最小流速范围内。相应于管内流速的最小设计流速时的管道坡度为最小设计坡度。

3. 管道埋设

管道的埋深分为管顶覆土厚度与管底埋设深度。

（1）无保温措施的生活污水管道或水温与生活污水接近的工业废水管道，管线可埋设在冰冻线以上 0.15 m。

（2）在车行道下，管顶最小覆土厚度不宜小于 0.7 m。

（3）住宅、公共建筑内产生的污水要能顺畅排入街道污水管网，就必须保证街道污水管网起点深度大于或等于街道污水管网的终点埋深。而街道污水管起点的埋深又必须大于或等于建筑物污水出户管的埋深。

4. 污水管道的衔接

下游管段起端的水面和管底标高都不得高于上游段终端的水面和管底标高，通常管径相同采用水面平接，管径不同采用管顶平接。

5. 水力计算

（1）由管道坡度增加导致管径的缩小，其缩小范围不能超过两级，并不得小于最小管径。

（2）当地面高程有剧烈变化或地形坡度陡时，可设跌水井，使管道坡度适当，以防止管内流速过大而冲刷管道。

（五）小区雨水管渠布置与敷设

1. 以最短距离靠重力排入城市雨水管。

2. 雨水管渠应平行道路敷设，宜布置在人行道或绿地下，而不宜布置在快车道下。

3. 雨水口布置在道路交会处、建筑物单元出入口附近、建筑物雨水管附近及前后空地和绿地低洼处。雨水口沿街布置间距一般为 20 ～ 40m，雨水口连接长度不宜超过 25m，平均雨水口设置宜低于路面 30 ～ 40 mm。

第三章　高层建筑给水系统

第一节　高层建筑给水系统概述

一、高层建筑给水系统的分类

高层建筑多为民用建筑，具有层数多、高度大、功能复杂的特点。对于标准较高的旅游宾馆、饭店、医院、综合楼等，对给水的水质、水量和水压均有较高的要求。但就其用途而言，给水的基本系统仍与低层建筑一样，分为生活、生产和消防三种。根据建筑物的性质和用途，还可按水质的不同要求将上述三种基本系统进一步细分。

（一）生活给水系统

1. 生活冷水系统

这是高层建筑给水系统的主要组成部分，也是高层建筑中使用范围最广、用水量最大的系统，一般用于盥洗、淋浴、洗涤、烹调、饮用等，常作为其他几种给水系统的水源。水质应符合生活饮用水卫生标准要求，并应具有防止水质污染的措施。

2. 生活热水系统

在旅馆、公寓、医院等高层建筑中，生活热水系统通常是不可缺少的给水系统之一，主要用于盥洗、沐浴和洗涤餐具、衣物等，水质除应符合相关规定外，对水中碳酸盐硬度也有一定的要求。

3. 饮用水给水系统

在高层建筑中，由于建筑的性质和用户的饮水习惯不同，饮用水的供应方式也不相同，有集中或分散供应的开水系统和冷饮水系统。水质应符合饮用净水水质标准，通常须采用特殊工艺将自来水进行深度处理，供人们直接饮用。

4. 中水系统

各种排水经处理后，达到规定的水质标准，可在生活、市政、环境等范围内作为杂用的非饮用水称为中水。使用中水对节约用水、减少环境污染、保护水体具有重要意义。

（二）生产给水系统

1. 软化水系统

当城市给水中的碳酸盐硬度较高时，为防止热交换器或沸水器等结垢和节省洗衣房、厨房的洗涤剂用量，在某些标准较高的旅游宾馆和公寓中，常集中或分散设置软化水系统，以保证生活用水的硬度指标符合使用要求。

2. 循环冷却水系统

对设有空调和冷藏设备的建筑，常需要大量冷却水以便将空调机和冷冻机中制冷系统产生的热量带走，循环冷却水系统是为完成这一任务而设立的一种专用给水系统。循环冷却水的补充水应符合一般冷却水水质要求，并尽量采用低温水。

3. 游泳池及观赏水池给水系统

在旅游宾馆、对外公寓等建筑中，常设游泳池、游乐池、观赏水池等，这些水池用水量较大，一般自成系统，循环使用。池水水质须根据水池使用功能，合理确定卫生标准，确保安全、卫生。

（三）消防给水系统

消防给水系统可分为消火栓和自动喷水灭火系统。消防给水系统对水质无严格要求，但必须按照建筑设计防火的相关规范保证足够的水量和水压。

二、高层建筑给水系统的组成

高层建筑室内给水（冷水）系统由引入管、水表节点、升压和贮水设备、管网及给水附件五部分组成。其中引入管、水表节点的设计和安装要求与低层建筑物相同，升压和贮水设备通常是高层建筑必不可少的设施，给水管网及附件有自身的特点。

我国城市给水管网大都采用低压制，一般城镇管网压力为 0.2～0.4 MPa，无法满足高层建筑上部楼层供水的水压要求，必须借助升压设备将水提升到适当的压力；另一方面，当室外给水管网不允许直接抽水或给水引入管不可能从室外环网的不同侧引入时，均应设贮水池以保证高层建筑的安全供水。此外，由于消防、安全供水、流量调节及水压保证的需要，不同功能的贮水池（箱）常常是高层建筑的重要设备。

与低层民用建筑相比，高层建筑给水管网及附件具有以下特点：

1. 系统管网必须进行竖向分区。高层建筑给水管网在竖直方向上被划分为若干供水区，以提供相应楼层的供水。

2. 管网一般布置呈环状。高层建筑的卫生器具和用水设备数量多，用水量大，如管网呈枝状布置，一旦断水，影响范围较大，从供水可靠性出发，高层建筑给水管网一般呈环状。

3. 竖直干管通常敷设在专用的管道竖井内，水平干管布置在专用管道层或技术（夹层内。建筑物的防火分区、不均匀沉降等因素对管道的布置和敷设有一定的影响。

4. 给水附件的形式、类别，数量多，标准高。高层建筑给水系统管路长，用水点多，对供水可靠性及节水节能、消声减振、水质保护的要求较高，因此，给水控制附件的形式、类别、数量较一般低层建筑多。由于建筑标准高，因此对卫生器具的造型、质量、色泽及使用舒适性及配水附件的质量、外观和使用也提出了较高的要求。

5. 施工安装及维护工作量较大，技术水平要求较高，须与建筑内其他工种密切配合。

三、给水系统的竖向分区

对给水系统进行合理的竖向分区，是高层建筑给水设计中必须认真解决的重要问题，也是高层建筑给水系统区别于低层建筑给水系统的主要特征。

给水系统的竖向分区是指建筑物内的给水管网和供水设备根据建筑物的用途、层数、使用要求、材料设备性能、维修管理、节约供水、能耗及室外管网压力等因素，在竖直方向将高层建筑分为若干供水区，各分区的给水系统负责对所服务区域供水。

当建筑物很高，给水系统未进行竖向分区，则底层卫生器具必将承受较大的压力，带来一系列问题，主要表现为：

1. 龙头开启时呈射流喷溅，影响使用，产生浪费。

2. 开关水嘴、阀门时易形成水锤，产生噪声和振动，引起管道松动漏水，甚至损坏。

3. 水嘴、阀门等给水配件容易损坏，缩短使用期限，增加了维护工作量。

4. 建筑下部各层出流量大，导致顶部楼层水压不足、出流量过小，甚至出现负压抽吸，造成回流污染。

5. 不利于节能。理论上讲，分区供水比不分区供水要节能。

随着高层建筑分区数的增加，给水总能耗逐渐下降，最大下降值接近不分区能耗值的50%。

综上所述，高层建筑给水系统必须进行合理的竖向分区，使水压保持在一定的范围。但若分区压力值过低，势必增加分区数，并增加相应的管道、设备投资和维护管理工作量。因此，分区压力值应根据供水安全、材料设备性能、维护管理条件，结合建筑功能、高度综合确定，并充分利用市政水压以节省能耗。

在分区中要避免过大的水压，同时还应保证各分区给水系统中最不利配水点的出流要求，一般不宜小于 0.1 MPa。

此外，高层建筑竖向分区的最大水压并不是卫生器具正常使用的最佳水压。常用卫生器具正常使用的最佳水压宜为 0.2 ～ 0.3 MPa。为节省能源和投资，在进行给水分区时要考虑充分利用城镇管网水压，高层建筑的裙房以及附属建筑（如洗衣房、厨房、锅炉房等）由城镇管网直接供水对建筑节能有重要意义。

第二节 给水方式

一、高层建筑的给水方式

高层建筑给水方式主要是指采取何种水量调节措施及增压、减压形式来满足各给水分区的用水要求。给水方式的选择关系到整个供水系统的可靠性、工程投资、运行费用、维护管理及使用效果，是高层建筑给水的核心。

高层建筑给水方式可分为高位水箱、气压罐和无水箱三种给水方式。

（一）高位水箱给水方式

其供水设备包括离心水泵和水箱，主要特点是在建筑物中适当位置设高位水箱，储存、调节建筑物的用水量和稳定水压，水箱内的水由设在底层或地下室的水泵输送。高位水箱给水方式可分为并联、串联、减压水箱和减压阀四种。

1. 高位水箱并联给水方式

各分区独立设高位水箱和水泵，水泵集中设置在建筑物底层或地下室，分别向各分区供水。

优点：各区给水系统独立，互不影响，供水安全可靠；水泵集中管理，维护方便；运行动力费用经济。

缺点：水泵台数多，高区水泵扬程较大，压水管线较长，设备费用增加；分区高位水箱占建筑楼层若干面积，给建筑平面布置带来困难，减少了使用面积，影响经济效益。

2. 高位水箱串联给水方式

水泵分散设置在各分区的楼层中，下一分区的高位水箱兼做上一给水分区的水源。

优点：无高压水泵和高压管线；运行动力费用经济。

缺点：水泵分散设置，连同高位水箱占楼层面积较大；水泵设置在楼层，防振隔声要求高；水泵分散，管理维护不便；若下一分区发生事故，其上部数分区供水受影响，供水可靠性差。

3. 减压水箱给水方式

整栋建筑的用水量全部由设置在底层或地下层的水泵提升至屋顶水箱，然后再分送至各分区高位水箱，分区高位水箱只起减压作用。

优点：水泵数量最少，设置费用降低，管理维护简单；水泵房面积小，各分区减压水箱调节容积小。

缺点：水泵运行动力费用高；屋顶水箱容积大，在地震时存在鞭梢效应，对建筑物安全不利；供水可靠性较差。

4. 减压阀给水方式

其工作原理与减压水箱给水方式相同，不同处在于以减压阀代替了减压水箱。

与减压水箱给水方式相比，减压阀不占楼层房间面积，但低区减压阀减压比较大，一旦失灵，对阀后供水存在隐患。

（二）气压给水设备给水方式

其供水设备包括离心水泵和气压水罐。其中气压水罐为一钢制密闭容器，使气压水罐在系统中可储存和调节水量，供水时利用容器内空气的可压缩性，将罐内储存的水压送到一定的高度，可取消给水系统中的高位水箱。

（三）无水箱给水方式

近年来，人们对水质的要求越来越高，国内外高层建筑采用无水箱的调速水泵供水方式成为工程应用的主流。无水箱给水方式的最大特点是：省去高位水箱，在保证系统压力恒定的情况下，根据用水量变化，利用变频设备来自动改变水泵的转速，且使水泵经常处于较高效率下工作。缺点是变频设备相对价格稍贵，维修复杂，一旦停电则断水。

二、各种给水方式的比较

为了直观地分析比较各给水方式水泵的耗能情况，假设如下：某一建筑采用同样的分区和不同的给水方式；各分区的供水负荷分别占建筑物供水总负荷的比例为：低区占50%，中区占25%，高区占25%；各分区管道的水头损失设定为该区高度的10%；各分区的水泵效率相同。

（一）高位水箱给水方式

高位水箱并联给水：$(0.25Q \times 95 + 0.25Q \times 65 + 0.5Q \times 35) \times 1.1 = 63.25Q$

水泵轴功率：$63.25Q / 102\eta$　（100%）

高位水箱串联给水：$(0.25Q \times 30 + 0.5Q \times 30 + Q \times 35) \times 1.1 = 63.25Q$

水泵轴功率：$63.25Q / 102\eta$　（100%）

减压水箱或减压阀给水：$Q \times 95 \times 1.1 = 104.5Q$

水泵轴功率：$104.5Q / 102\eta$　（165%）

（二）气压给水设备给水方式

由于气压水罐配套水泵的扬程以罐内平均压力工况确定，而管道系统相对简单，故假定气压给水设备给水方式的压力为扬水高度的 1.4 倍，而管道的水头损失比水箱供水方式高 5%，则：

气压给水设备并联给水：

$$(0.25Q \times 95 + 0.25Q \times 65 + 0.5Q \times 35) \times 1.4 \times 1.05 = 84.525Q$$

水泵轴功率：$84.525Q / 102\eta$ （134%）

气压给水设备减压阀给水：$Q \times 95 \times 1.4 \times 1.05 = 139.65Q$

水泵轴功率：$139.65Q / 102\eta$ （221%）

（三）无水箱给水方式

设计压力下，调速水泵根据系统用水量的变化来调节转速，随着水泵转速的降低，水泵效率也随之下降。此外，系统的管道布置形式与气压给水设备给水方式相同，故假定水泵运行的平均效率为高位水箱给水方式的 85%，而管道的水头损失比水箱供水方式高 5%，则：

无水箱并联给水：$(0.25Q \times 95 + 0.25Q \times 65 + 0.5Q \times 35) \times 1.05 / 0.85 = 71.03Q$

水泵轴功率：$71.03Q / 102\eta$ （112%）

无水箱减压阀给水：$Q \times 95 \times 1.05 / 0.85 = 117.35Q$

水泵轴功率：$117.35Q / 102\eta$ （186%）

上述各式中，Q 为流量，以 L/s 计，η 为水泵效率。

从水泵能耗、设备费、运营动力费、占地面积、对水质污染的可能性以及管理方便程度共六个方面，对高层建筑常用的上述三大类给水方式进行简单比较，结果列于表 3-1 中。

表 3-1 高层建筑各种给水方式比较

类型	给水方式	水泵扬水功率%	设备费用	运营动力费用	水质污染可能性	占地面积大小	管理方便程度
高位水箱给水方式	并联	100	B	A	D	D	A
	串联	100	B	A	D	D	B
	减压水箱	165	A	C	D	C	A
	减压阀	165	A	C	C	C	A
气压罐给水方式	并联	134	C	B	B	B	B
	减压阀	221	C	D	B	B	B
无水箱给水方式	并联	112	D	A	A	A	B
	减压阀	186	D	D	A	A	B

注：A，B，C，D 为优劣顺序。

从表 3-1 可知，各种给水方式各有优劣，工程中需结合建筑的实际情况进行综合比较，在建筑甚高、竖向分区比较多时，往往还要采用多种给水方式相结合的混合给水形式。

第三节　给水管网水力计算

计算内容包括：确定用水量定额；选定设计秒流量计算公式，求出各计算管段的设计秒流量；计算各管段的管径、水头损失，确定给水所需的水压。

一、用水量定额

用水量定额是给水系统的基本设计参数，是计算高层建筑最高日用水量和最大小时用水量，进而确定各种供水设备（如水池、水箱、水泵及有关水处理设备）规格、尺寸的重要依据。

影响建筑用水量的因素很多，如建筑物性质、等级，卫生设备的完善程度，地区气候条件，使用者的用水习惯，水费收取办法等，其中卫生设备的完善程度是影响用水量大小的主要因素。

工业企业建筑、管理人员的生活用水定额可取 30～50 L/（人·班）；车间工人的生活用水定额应根据车间性质确定，一般宜采用 30～50 L/（人·班）；用水时间为 8 h，小时变化系数为 1.5～2.5。

工业企业建筑淋浴用水定额，一般可采用 40～60 L/（人·次），延续供水时间 1 h。

在估算用水量时，上述规范中的一些设计参数有时不能完全满足需要。为便于设计，下列国内外有关办公、商售、餐饮、宾馆等建筑计算用水量参数的确定方法可供参考。

（一）办公（包括银行）

办公人数确定方法：

1. 按总面积估算

$$N = \frac{A}{\alpha_\mathrm{a}}$$

式中，N—办公楼内员工人数，人；

A—办公楼总面积，m2；

α_a—每位员工占用面积，m2/人，α_a =12～14 m2/人。

2. 按有效面积估算

$$N = \frac{A_a}{\alpha_a}$$

式中， N—办公楼内员工人数，人；

A_a—办公楼有效面积，m2；

α_a—每位员工占用的面积，m2/人， α_a =5～7 m2/人。

出租办公室的有效面积为总面积的 0.6；一般办公室有效面积为总面积的 0.55～0.57；金融银行办公室有效面积为总面积的 0.5～0.55。若已有图纸，可按实际办公室的有效面积计算。

（二）商场（商售）

现行规范中商场用水定额可按营业厅面积计算，由于商场一般不是固定人数，而是人流，因此还可按卫生器具小时使用次数及用水量定额来计算。商场卫生器具用水定额见表 3-2。

表 3-2　商场卫生间用水定额

卫生器具类别	使用次数/（次·h^{-1}）	用水量/（L·次$^{-1}$）
坐便器	6～12	6～8
小便器	10～20	2～4
洗脸盆	10～20	1～2
污水盆	3～6	15～25

（三）健康娱乐中心

健康娱乐中心卫生间、盥洗间卫生器具小时使用次数及用水量定额同商场，见表 3-2。参数宜用下限，但须考虑淋浴，每个淋浴器每小时按 2～3 次使用，每次用水量 24～60 L 计算。

若有剧场可单独计算，用水定额按规范指标，每人占用有效面积为 1.5～2.0 m2，有效面积为总面积的 53%～55%。

（四）餐饮业

一般厨房与餐厅面积之比为 1.1～1.5，餐饮业使用人数与餐厅面积关系见表 3-3。

表 3-3　餐饮业使用人数与餐厅面积关系

场合	指标/（m²·座⁻¹）	备注	场合	指标/（m²·座⁻¹）	备注
西餐厅	1.8～1.4	—	快餐	1.3	–
中餐厅	1.8～1.5	—	酒吧、咖啡、茶座	1.2～1.4	同时使用系数0.5
小餐厅	3.3	—	宴会厅（多功能厅）	1.6	同时使用系数0.3

（五）宾馆

综合用水量定额为 1 200～1 600 L/（床·d），包括冷却循环水、锅炉房用水等。
分项指标：

1. 客房用水量定额：二星、三星级最高取 300 L/(床·d)；四星级最高取 350L(床·d)；五星级最高取 400 L/（床·d）。

2. 员工用水量定额 150～200 L/（床·d），员工数按每间客房配 1.6～1.8 人计算。

3. 洗衣房湿洗干衣量：3.2～4.0 kg/（床·d）。

二、设计流量的计算

给水系统的设计流量，包括最高日用水道、最大小时用水量和设计秒流量三项，它们在建筑给水设计中各有不同的作用。

（一）最高日用水量

建筑物各部分最高日用水量的总和，是计算最大小时用水量的基础：

$$Q_d = \sum \frac{mq_d}{1000}$$

式中，Q_d—最高日用水量，m3/d；
m—用水单位数，人、床、辆等；

q_d—最高日用水量定额，L/（人·d）、L/（床·d）、L/（辆·d）、L/（m2·d）。

对旅游宾馆等高层建筑，除拥有大量客房外，还有各种辅助用房，如汽车库、洗衣房、营业餐厅等。因此，应根据房间功能分别选用不同的用水量定额，计算各自的最高日用水量，然后将有可能同时用水的项目叠加，并取其中最大一组作为整个建筑物的最高日用水量。

（二）最大小时用水量

最大小时用水量是确定高层建筑各种供水设备（如水池、水泵、水箱及各种水处理设备等）规格、尺寸的依据：

$$Q_{\mathrm{h}} = \sum \frac{Q_{\mathrm{d}}}{T} K_{\mathrm{h}}$$

式中，T—高层建筑的用水时间，h；

K_{h}—小时变化系数。

（三）设计秒流量

设计秒流量指建筑物在用水高峰时间内的最大 5 min 平均秒流量，是计算建筑内给水管段管径的依据，并直接影响热水及排水管道设计秒流量的确定。

1. 高层住宅设计秒流量公式

高层与多层住宅用水特征类似。其计算步骤如下：

（1）最大用水时卫生器具给水当量平均出流概率

$$U_0 = \frac{q_0 m K_{\mathrm{h}}}{0.2 \cdot N_{\mathrm{g}} T \cdot 3600} \times 100\%$$

式中，U_0—生活给水管道的最大用水时卫生器具给水当量平均出流概率；

q_0—最高日用水定额；

m—每户用水人数；

K_{h}—小时变化系数；

N_{g}—每户设置的卫生器具给水当量数；

T—用水时间，h；

0.2—一个卫生器具给水当量的额定流量，L/s。

（2）计算管段上的卫生器具给水当量的同时出流概率

$$U = \frac{1 + \alpha_e \left(N_{\mathrm{g}} - 1\right)^{0.49}}{\sqrt{N_{\mathrm{g}}}} \times 100\%$$

式中，U—计算管段的卫生器具给水当量的同时出流概率；

α_{c}｜对应于不同 U_0 的系数；

N_{g}—计算管段的卫生器具给水当量总数。

（3）计算管段的设计秒流量

$$q_g = 0.2UN_g$$

式中，q_g—计算管段的给水设计秒流量，L/s。

（4）干管最大时卫生器具给水当量平均出流概率

$$\bar{U}_o = \frac{\sum U_{oi} N_{gi}}{\sum N_{gi}} \times 100\%$$

式中，$\bar{U}_o$—给水干管的卫生器具给水当量平均出流概率；

U_{oi}—支管的最大时卫生器具给水当量平均出流概率；

N_{gi}—相应支管的卫生器具给水当量总数。

2. 一般旅馆、办公楼类公共建筑设计秒流量公式

旅馆、宿舍（Ⅰ、Ⅱ类）、商住楼、综合楼、商业楼、办公楼、教学楼等，具有用水延续时间长，设备分散，卫生器具的同时出流百分数（出流率）随卫生器具的增加而减少的特点。计算公式如下：

$$q_g = 0.2\alpha\sqrt{N_g}$$

式中，N_g—计算管段的卫生器具给水当量数；

α—根据建筑物用途而定的系数，$\alpha = 1.2 \sim 3.0$。

3. 高级旅馆、饭店类高层建筑设计秒流量公式

对高级旅馆、饭店、宿舍（Ⅲ、Ⅳ类）类建筑，具有用水集中、水量冲击负荷大的特点，若采用一般旅馆、办公楼类公建设计秒流量公式 $q_g = 0.2\alpha\sqrt{N_g}$，实践中发现：当取值 $\alpha = 2.5$ 时，对担负卫生间数量少于 20 个的管道，设计秒流量能够满足用水需求；当管道负担的卫生间数量超过 30 个时，公式 $q_g = 0.2\alpha\sqrt{N_g}$ 的计算结果偏小。

有鉴于此，宜采用公共浴室的设计秒流量公式：

$$q_g = \sum \frac{q_0 n_0 b}{100}$$

式中，q_0—同类型的一个卫生器具给水额定流量，L/s；

n_0—同类型卫生器具数；

b—卫生器具同时给水百分数。

计算说明：

（1）计算水箱容积、水泵流量以及分支管管径时，仅采用浴盆 100%（b 值）作为计

算依据，客房中其他卫生器具不再考虑。

（2）计算总干管管径时，只取以上水量的80%，再加上按式 $q_{\mathrm{g}} = \sum \dfrac{q_0 n_0 b}{100}$ 计算的其他公用房间卫生器具的用水量。

4. 国外秒流量计算方法介绍

对给水管道秒流量的计算方法，世界各国都进行了不少的研究。下面介绍颇具代表性的亨特概率法。

亨特概率法由美国的亨特（Roy B.Hunter）提出，其基本原理是将系统中卫生器具的使用视为一个随机事件，用出流概率的数学模型来描述秒流量这一随机变量。

假定某给水管段上连接有 n 个卫生器具，各器具的开启和关闭相互独立，每个器具的额定流量为 q_0，则通过该计算管段的最大给水设计秒流量为 $q_0 n$，最小给水流量为 0，任意时刻通过该管段的给水秒流量 q（$0 \leqslant q \leqslant q_0$）。设计系统应降低管材耗量，并保证不间断供水，以满足用户需要，因此可以只研究极限情况，即最大日最大时的用水量。

假设用水高峰时每个卫生器具的使用概率为 p，则不被使用的概率为 1-p，那么在用水高峰时，n 个卫生器具中 i 个同时使用的概率为：

$$P(x = i) = C_n^i p^i (1 - p)^{(n-i)}$$

上面式子还可简化为基于泊松分布的更为简洁的表达式：

$$P(x = i) = \frac{\mathrm{e}^{-np}(np)^i}{i!}$$

式中， e—自然对数，e=2.718 3。

根据亨特的定义，对只有一种卫生器具构成的单一系统，表示如下：

$$P_m = \sum_{i=0}^{m} C_n^i p^i (1 - p)^{(n-i)} \geqslant 0.99$$

式中， P_m—至多有 m 个器具同时使用的概率，即给水保证率。99%是亨特在建立这种方法时选定的值，其意是指，设计管段在最大日最大时的用水情况下，管段上卫生器具的实际使用个数超过设计个数的情况不超过 1%，该值一直沿用至今。

m—卫生器具同时使用个数设计值。

P—用水高峰期单个卫生器具的使用概率。

n—管段连接的卫生器具数。

在已知 n 和 p 的条件下，可求出满足 $P_m \geqslant 0.99$ 的 m 值。卫生器具同时使用个数设计值的概念是与设计秒流量的概念相对应的，计算管段的设计秒流量为：

$$q_g = mq_0$$

式中，　q_0—单个卫生器具的额定秒流量，L/s。

用亨特概率法计算出来的设计秒流量 q_g 可以在给水保证率下满足用户的使用要求。给水保证率 P_m 的值直接决定着同时作用的卫生器具的数量，从而决定着计算管段设计秒流量的大小。提高保证率 P_m 的值可增大 m 值，降低 P_m 的值可减小 m 值，但 m 值变化幅度并不是太大。

对于由多种卫生器具构成的混合系统，亨特通过对不同的卫生器具赋予"权重"或"负荷单位"，按照"负荷效果相当"的原则，把具有不同出流特征的不同种类卫生器具通过"负荷单位"统一到某个设定的流量下，使一个由几种不同卫生器具组成的系统有可能直接进行流量计算。

三、给水管网水力计算

给水管网水力计算的目的，在于确定各管段的管径，求得通过设计秒流量时造成的水头损失，决定室内管网所需的水压，选定各区加压设备所需扬程或确定高位水箱设置的高度。

（一）管径的确定

1. 给水引入管

高层建筑的给水引入管一般不应少于 2 条，计算给水引入管管径时应根据高层建筑的重要性及其对供水可靠性的要求，分别按下列两种情况进行计算。

（1）当建筑不允许断水时，应按一条引入管关闭修理时，其余引入管仍能供给建筑所需全部用水量的情况进行计算。

（2）当建筑允许断水时，应按各引入管同时使用的情况进行计算。

2. 各区给水管段

当设计秒流量确定后，即可根据水力学公式计算管径：

$$d = \sqrt{\frac{4q_g}{\pi v}}$$

式中，　d—管径，m；

q_g—管段设计秒流量，m3/s；
v—管段中的流速（可按表 3-4 选定），m/s。

表 3-4　生活给水管道的水流速度

公称直径/mm	15～20	25～40	50～70	≥80	备注
水流速度/（m•s⁻¹）	≤1.0	≤1.2	≤1.5	≤1.8	建筑对噪声和振动无严格的要求
水流速度/（m•s⁻¹）	≤1.0	≤1.0	≤1.5	≤1.5	建筑对噪声和振动的防止和控制有较严格的要求

（二）水头损失的计算

应根据各区给水管网布置的具体情况，确定系统内的最不利给水点和相应的计算管路，然后按下列方法分别计算沿程和局部水头损失。

1. 沿程水头损失

$$i = 105C_\text{h}^{-1.85}d_\text{j}^{-4.87}q_\text{g}^{1.85}$$
$$h_\text{y} = il$$

式中，　i—管段单位长度水头损失，kPa/m；

d_j—管道计算内径，m；

q_g—给水设计流量，m3/s；

C_h—海澄•威廉系数，各种塑料管、内衬（涂）塑管 C_h=140，铜管、不锈钢管 C_h=130，衬水泥、树脂的铸铁管 C_h=130，普通钢管、铸铁管 C_h=100；

h_y—管道的沿程水头损失，kPa；

1—计算管段的长度，m。

2. 局部水头损失

生活给水管道的配水管的局部水头损失，宜按管道的连接方式，采用管（配）件当量长度法计算。当管道的管（配）件当量长度资料不足时，可按下列管件的连接状况，按管网的沿程水头损失的百分数取值：

（1）管（配）件内径与管道内径一致，采用三通分水时，取 25%～30%；采用分水器分水时，取 15%～20%。

（2）管（配）件内径略大于管道内径，采用三通分水时，取 50%～60%；采用分水器分水时，取 30%～35%。

（3）管（配）件内径略小于管道内径，管（配）件的插口插入管口内连接，采用三通分水时，取 70%～80%；采用分水器分水时，取 35%～40%。

四、管网的水力计算步骤

高层建筑给水管网，可分为枝状管网和环状管网两种基本形式，均可参考下列步骤进行水力计算。

1. 确定各区给水系统的最不利供水点及相应的计算管路。

2. 划分计算管路，在流量变化的节点处进行管段编号，并标明各计算管段的长度。

3. 根据建筑物性质及功能选定设计秒流量公式，逐段计算各管段的设计秒流量。

4. 计算各管段的管径和水头损失。

5. 求出最不利计算管路的总水头损失。

6. 对高位水箱给水方式，须根据最不利计算管路的总水头损失计算各区高位水箱的箱底安装高度，然后根据贮水池至各区高位水箱进口的几何高差及输水管中的水头损失，计算各区升压水泵所需扬程，选择水泵。对气压罐及无水箱给水方式，则根据各区最不利计算管路的总水头损失计算气压罐相关压力及生活给水泵扬程等，选择水泵。

7. 各区配管计算。枝状管网的给水立管，应根据立管上各节点处的已知水头和设计流量，自下而上（管网上行下给布置）或自上而下（管网下行上给布置）按已知压力选择管径，并应注意控制流速不致过大，以免产生噪声。环状管网中的立管，为简化计算，一般可采用立管中流量最大的计算管段的管径为计算立管的管径，整个立管不再变径。

第四节 贮水及增压减压措施

市政供水管网的水压不能满足高层建筑上层卫生器具和用水设备的要求，往往需要水泵进一步升压供水，但升压后可能造成局部管段压力过高，需要对超压管段实施减压。与之相关联，常须设贮水池和水箱。

一、贮水

（一）贮水池

当城镇管网无法满足高层建筑的用水要求时，应在建筑的地下室或室外泵房附近设贮水池，以储存和调节水量，并兼做水泵吸水之用。

为了保障供水安全，贮水池有效容积应满足水泵运行期间来不及补充的水量，同时保证停泵期间补充的来水大于运行期间来不及补充的水量，同时保证事故供水，即：

$$V_x \geqslant \left(q_b - q_j\right)T_b + V_s$$
$$q_j T_t \geqslant \left(q_b - q_j\right)T_b$$

式中， V_x ——贮水池的有效容积，m3；

q_b ——水泵出水量，m3/h；

q_j ——外部管网的供水量，m3/h；

T_b ——水泵运行的时间，h；

T_t ——水泵停止运行的时间，h；

V_s ——事故贮备水量（可按当地城镇管网的事故维修情况确定，一般可按建筑物最大小时用水量的 2～4 倍选取），m3。

对采用气压罐或变频调速泵的系统，水泵的出水量随用水量变化而变化，因此，贮水池的有效容积应按外部管网的供水量与用水量变化曲线经计算确定。

设计中如因资料不足，无法按以上方法计算时，贮水池的调节水量应按不小于建筑物最高日用水量的 20%～25% 确定。

（二）吸水池（井）

当城镇管网可满足建筑物的流量要求，但不允许水泵自管网直接抽水时，可不设贮水池而改设吸水池（井），吸水池的有效容积主要取决于水泵机组的数量、水泵吸水管口径及水泵的出水量。其平面尺寸应首先满足水泵吸水底阀、吸水池（井）进水管浮球阀等阀件的安装、检修、正常运行时的要求。

吸水池（井）的尺寸除应满足上述构造要求外，有效容积还不得小于最大一台泵的 3 min 出水量。

（三）水箱

采用水箱有诸多优点，如可利用可靠、价廉、高效的定速水泵，管理、维护简单，技术要求低，可储存一定安全用水，遇停电事故时，能延时供水，等等。因此，水箱在高层建筑给水系统中应用仍然较为普遍。

1. 水箱的分类

（1）用于储存、调节水量和稳定水压

当采用并联或串联给水方式时，各分区高位水箱（设于屋顶的常称为屋顶水箱）起到贮存、调节水量和稳定水压的作用。

并联给水方式中，各区的高位水箱只负责向本区给水系统供水，水箱彼此独立，互不干扰，一旦某区水箱检修，断水范围仅限于本区。串联给水方式中，各区高位水箱除在本区起储存、调节水量和稳定水压的作用外，又是上层各区的供水水源，此时，各区水箱的有效容积将自上而下逐渐加大，且位置越低的水箱，供水范围越大，对保证高层建筑的供水安全所起的作用也越大。

（2）用于减压

当采用分区水箱减压方式供水时，在屋顶设置大容积的水箱，对各分区给水管网进行减压，由于只起减压作用，因而容积较小，一般为 5 ～ 10 m3。

2. 水箱的有效容积

（1）有效容积的组成

有效容积的组成包括水泵运行调节容积（V_T）、高峰用水容积（V_F）和安全备用容积（V_A）三部分。早期的高位水箱还常包括消防水容积。

（2）高位水箱有效容积计算方法

由城市给水管网夜间直接进水的高位水箱的生活用水调节容积，宜按用水人数和最高日用水定额确定；由水泵联动提升进水的水箱的生活用水调节容积，不宜小于最大用水时水量的 50%，即对高层建筑常常是：

$$V_T \geqslant \frac{1}{2} Q_h$$

式中，V_T—水箱最大调节容积，m3；

Q_h—最大小时用水量，m3/h。

3. 水箱的设置高度

高位水箱和减压水箱的设置高度，应满足给水系统水力计算和高层总体布置两方面的要求，即在给水管网设计计算前，其设置高度已经确定。因此，为了保证高位水箱给水系统安全可靠供水，在给水管网水力计算之后，必须进行水箱设置高度的核算，水箱设置高度应使其最低水位满足本区最不利配水点的水压要求：

$$H_z \geqslant Z + H_2 + H_3$$

式中，H_z—高位水箱的最低水位标高，m；

Z—本区最不利配水点的标高，m；

H_2—水箱至本区最不利配水点的管道水头损失，mH2O；

H_3—本区最不利配水点所需流出水头，mH2O。

按上面式子计算出高位水箱所需最低水位标高后，还应结合高层建筑的总体布置，尽可能将水箱设在技术层内，以利隔声、防振、少占客房或居住面积，便于设备、管道的维修。一般各分区高位水箱高于本分区最不利配水点3层左右。

4. 水箱的设置要求

（1）保证施工及管道检修

池（箱）外壁与建筑本体结构墙面或其他池壁之间的净距，应满足施工或装配的需要：无管道侧，净距不宜小于0.7 m；安装有管道侧，净距不宜小于1.0 m，且管道外壁与建筑本体墙面之间的通道宽度不宜小于0.6 m；设有入孔的池顶，池顶板面与上层建筑本体板底的净空不应小于0.8 m；箱底与水箱间地面板的净距，当有管道敷设时不宜小于0.8 m。

（2）减少噪声

水箱进水管可采取淹没式出流，以减小进水水流的噪声，但管顶应装设真空破坏器。

（3）水箱水位控制

利用城镇给水管网压力直接进水时，应设置自动水位控制阀；当利用水泵加压进水时，应设置能自动控制水泵启、停的装置。

（4）除进出水管外，还须设置溢流、放空、通气、液位信号管等。

除水箱水位控制水泵启停外，贮水池的设置方式与水箱类似。

二、增压

水泵是高层建筑给水系统中必不可少的升压设备，它担负着从室外给水管网或贮水池取得设计流量，并提升到各区高位水箱或给水管网的重要任务。

在给水系统中，主要采用离心泵。根据水泵运转速度是否可调，又分为恒速泵和变速泵。为保障夜间小流量供水，减少水泵动作时间，气压给水设备（密闭气压给水罐与水某的组合）是常采用的局部增压设备；为充分利用城镇管网水压，同时减少贮水池及泵房占地，叠压供水设备近年来应用逐渐增多。

（一）恒速泵

1. 一般要求

（1）吸水方式的选择。不经任何过渡性设备或构筑物，直接自室外管网抽水称为水泵直接抽水方式。该方式可充分利用室外管网的供水压力，减少能耗；可省去贮水池或吸水池等构筑物，简化泵房布置，节约基建投资；还可减少水质受到外界污染的可能性。但直接抽水方式可能导致室外管网供水压力的明显降低，影响邻近用户的正常供水。其供水可靠性也受制于城镇管网，必要时须设置倒流防止器。

水泵自贮水池（或吸水池）抽水是指在加压泵房内设置贮水池或吸水池，水泵自贮水池（或吸水池）内抽水的方式。这种方式不影响室外给水管网的供水水压，当贮水池的有效容积足够大时，供水可靠性较高。

由于高层建筑用水量较大，对供水可靠性的要求较高，多采用自贮水池（或吸水池）的抽水方式。

（2）水泵宜设置成自动控制的运行方式。当间接抽水时，尽量采用自灌式。

（3）每台水泵宜设置单独的吸水管，并配套相应的阀门。

（4）高层建筑生活与消防水泵均应设置备用泵。备用泵的容量与最大一台泵相同。

2. 水泵流量与扬程的计算

（1）水泵设计流量的确定原则

①对单设水泵的给水系统

因无流量调节设备，水泵的设计流量应按高层建筑给水系统的设计秒流量确定。

②对高位水箱给水系统

由于水箱对流量有调节作用，且水泵一般均采用自动控制方式进行，为了减少单位时间内水泵的启动次数，水泵的设计流量一般应按给水系统的最大小时流量确定。但当高层建筑用水量较均匀，且允许适当加大高位水箱的容积时，则在技术、经济合理的前提下，也可按平均小时流量确定。

③对气压给水装置供水系统

按给水系统的设计秒流量或最大小时流量确定水泵的设计流量。

（2）水泵扬程的计算

水泵的扬程应满足系统中最不利配水点所需水压，设计中可根据具体情况分别按下列公式进行计算：

①无流量调节设备时

$$H_b = Z + H_2 + H_3$$

式中， H_b—水泵扬程，mH20；

Z—贮水池（或吸水池）最低水位与最不利配水点的标高差，m；

H_2—水泵吸水管和出水管的总水头损失，mH20；

H_3—最不利配水点所需流出水头，mH20。

②水泵—高位水箱联合供水时

$$H_b \geqslant Z' + H_2 + \frac{v^2}{2g}$$

式中， Z'—贮水池（或吸水池）最低水位至高位水箱最高水位间的几何高差，m；

v—水箱入口处水的流速，m/s。

③水泵直接自室外管网抽水时

上述计算公式中，的 Z（或 Z'）项应改为引入管处室外管网的管中心至最不利配水点处（或高位水箱最高水位处）的几何高差，且水泵的计算扬程应扣除室外管网的最小保证水头，并按室外管网的最大可能水头校核水泵和室内管网的工况。

（二）气压给水设备

气压给水设备是给水系统中的一种调节和局部升压设备，兼有升压、贮水、供水、蓄能和控制水泵启停的功能。它利用密闭的钢罐由水泵将水压入罐内，再靠罐内空气的压力将储存的水送入给水管网，满足用水点水压、水量要求，具有高位水箱和水塔相似的功能。

1. 特点

（1）灵活性大

气压给水设备可设在任何高度；施工安装简便，建设周期短，便于扩建、改建和拆迁；给水压力可在一定的范围内进行调节。地震区建筑、临时性建筑和因建筑艺术形式等要求不宜设置高位水箱的建筑，均可用气压给水设备代替。

（2）水质不宜受污染

隔膜式气压给水设备系密闭容器，水质不宜被外界污染。补气式装置虽有可能受空气和压缩机润滑油的污染，但相对水箱而言，被污染机会较少。

（3）投资省，施工周期短，土建费用较低

气压给水设备可设置在地面或建筑物底层，一般情况下不致增加建筑结构的复杂性，相应的土建费用较高位水箱和水塔要少。

（4）便于实现集中管理和自动控制

气压给水设备可设在水泵房内，有利于供水设备的集中管理和实现水泵的自动控制。

由于高层建筑供水范围相对较大，对供水系统的安全可靠性、水压稳定性要求较高，因此较少将气压给水作为主要用户的供水设备，而多用于生活（如顶层等）及消防的局部增压。

2. 分类

（1）按给水压力可分为低压、中压、高压三类。0.6 MPa 以下的为低压，0.6～1.0 MPa 的为中压，1.0～1.6 MPa 的为高压。

（2）按压力稳定性可分为变压式和定压式两类。变压式气压给水设备的罐内空气压力随供水工况而变，给水系统处于变压状态下工作，常用于用户对水压要求不太高的场合。

（3）按形式可分为立式、卧式、球式、组合式。一般气压水罐多采用立式，将罐体设计成圆柱形，为了使空气与水的接触面积小，这样空气被水带走的量就少，对气压水罐的补气是有利的。其缺点是罐体较高，若罐安装在室内，则要求房间有较高的层高。

气压水罐有时需要设计成卧式的，卧式罐的水和空气接触面大，空气的损失相对多一些，不利于气压水罐的补气。

球形罐与其他气压水罐相比，具有技术先进、经济合理、外形美观等优点。但在球形容器制造上，目前一般生产需要大型水压机及昂贵的模具压制曲面球瓣及封头等，从而使其应用范围受到了限制。

生产厂将气压水罐、水泵及电气控制器都组合在一个钢架上，在现场接上水源电源即可使用，称为组合式气压水罐。

（4）按气水接触方式可分为接触式和隔膜式两类。

①接触式

气压罐内压缩空气与水直接接触，由于渗漏和溶解，罐内空气逐渐损失，为确保给水系统的运行工况，需要及时进行补气。

由于接触式气压给水设备不断有空气溶于水中，对供水水质存在水质污染的潜在危险，且可能造成用户水表计量不准，因此在生活给水系统中使用应慎重。

②隔膜式

在气压罐内装有橡胶囊式弹性隔膜，隔膜将罐体分成气室和水室两部分，靠囊的伸缩变形调节水量，可以一次充气，长期使用不须补气设备。囊形隔膜分为球囊、梨囊、斗囊、筒囊、袋囊、折囊、胆囊七种。水的调节容积靠囊的折叠或舒展来保证。

3. 计算

气压给水设备（变压式）的计算包括气压罐总容积、罐中空气容积、不动用水容积，以及调节容积和水泵选择计算等。

（1）贮罐总容积

在气压给水设备贮罐内，空气压力和体积之间的关系，可根据波义耳－马略特定律：定温条件下，一定质量空气的绝对压力和所占体积成反比。

（2）气压罐调节容积

气压罐的调节容积是指罐内最高水位与最低水位之间的容积，即可起水量调节作用的容积。显然，调节容积在总容积中所占比例越大，则气压罐的容积利用率就越高。

气压罐的调节容积理论上应根据水泵出水量和用户用水量的变化曲线确定，但实际上上述曲线很难得到，一般采用水箱调节容积的计算公式：

$$V_T = \frac{Q_b}{4n_b}$$

考虑到气压罐的实际运行工况，为防止罐内空气进入管网，罐底必须有一部分不起调节作用的不动水容积，俗称"死容积"。所以，计算中需要乘以一个大于1的系数，才能确保气压给水设备供水可靠性，气压罐调节容积按下面式子计算：

$$V_{q^2} = \frac{\alpha_u q_b}{4n_q}$$

式中，V_{q2}—气压罐调节容积，m3；

q_b—罐内空气压力为平均压力时水泵的出水量，不应小于管网最大时用水量的1.2倍，m3/h；

n_q—水泵1h内的最多启动次数，一般可取6～8次；

α_a—安全系数，一般采用1.0～1.3。

为了提高水泵的工作效率和减小气压水罐容积，在较大的工程中，可选用几台流量较小的水泵并联工作（2～4台），使其中部分水泵能够连续运行，只有一台水泵经常启闭，这样可以减少调节水容积，水泵工作效率也可提高。

当用水量较大时还可以采用三四台水泵并联运行，此时气压水罐的总容积较单台水泵运行减少2/3至3/4。但是，增加水泵并联运行台数将增加机电设备费用和增加泵房面积，所以水泵台数应通过技术经济比较确定。

（3）水泵选择计算

①水泵的设计流量

当单位时间内水泵的最大启动次数确定后，气压罐的调节容积与水泵的出水量成正比。气压罐的尺寸大小主要取决于所选水泵的流量。

气压罐配套的水泵设计流量：

对于一般高层旅馆，高层办公楼、高层医院等建筑，应根据使用要求和用水量的可靠程度确定，如用设计秒流量选择水泵一般偏大，而用最大小时流量选择水泵则又偏小，所以水泵（或泵组）对应的流量宜以气压水罐内的平均压力计，不应小于给水系统最大小时流量的1.2倍。

对于供水安全可靠性要求较高的高级宾馆、饭店等，这类建筑用水定额高，卫生设备完善，气压罐供水的最不利时刻为罐内水位下降到规定最低水位（最小压力 P_1 调节水容积已用完）时，若又同时出现系统用水高峰，并持续一定时间，这时如果水泵流量小于系统设计秒流量，则给水系统将产生断水现象，此时的高峰流量应对应于卫生器具当量计算所得的设计秒流量。因此，水泵流量应按气压罐最小压力 P_1 时用水的设计秒流量选用。

②水泵的设计扬程

在变压式气压给水系统中，水泵处于变压状态下工作，其扬程随罐内水位变化而变化。当罐内水位最低时，罐内空气压力最小，水泵扬程最低，流量最大；当罐内水位最高时，罐内空气压力最大，水泵扬程最高，流量最小。根据安全供水原则，应考虑当罐内水位最低时，即水泵扬程最低仍能满足气压给水系统中最不利用水点的水压要求。

选泵时，应以水泵设计流量相对应的扬程作为水泵的设计扬程，当以罐内平均水位时水泵的扬程作为选泵扬程。水泵扬程按下面公式进行计算：

$$H_{bcp} = Z + P_{cp} + H_2$$

式中，　H_{bcp} —罐内平均压力时水泵的扬程，MPa；

Z—贮水池最低水位至气压罐平均水位的几何高差形成的静压水头，MPa；

P_{cp} —气压罐的平均工作压力，MPa；

H_2 —贮水池至气压罐的总水头损失，MPa。

气压罐的平均工作压力 P_{cp}，可根据气压罐的最小工作压力 P_1 及选定的 α_b 值，按下列公式计算：

$$P_{cp} = \frac{p_1}{2}\left(1 + \frac{1}{\alpha_b}\right)$$

$$P_1 = H_2 + H_2 + H_3$$

式中，　P_1 —气压罐的最小工作压力，MPa；

α_b —气压罐内的工作压力之比（以绝对压力计），宜采用 0.65 ～ 0.85；

H_z —气压罐最低水位至最不利配水点或消火栓的几何高差形成的静压水头，MPa；

H_2 —气压罐至最不利配水点或消火栓的总水头损失，MPa；

H_3 —最不利配水点或消火栓所需的最低工作压力，MPa。

（三）管网叠压供水设备

利用室外给水管网余压直接抽水再增压的二次供水方式称为叠压供水。

1. 系统组成

倒流防止器、稳流罐（立、卧式）、防负（降）压装置、水泵机组、电磁流量显示传感装置（可选）、气压罐（可选）、压力显示传感装置、变频控制器、水泵控制阀及其他管阀等。

2. 管网叠压供水设备的特点

（1）节能

叠压供水设备与自来水管网直接串接，在自来水管网剩余压力的基础上叠加不足部分的压力，能充分利用自来水管网余压，减少能源的浪费。

（2）节省投资

由于无须修建较大容积的贮水池和屋顶水箱，节省了土建投资，又由于利用了市政管道的余压，因此，加压泵的选型较传统给水方式小，减少了设备投资。

（3）节省机房面积

因设备省去了贮水池和屋顶水箱而选用成套设备，缩小了贮水和增压设备的占地面积。

（4）减少二次污染的可能

叠压供水设备的运行全密封，防负（降）压采用膜滤装置，可挡住空气中的部分细菌，稳流罐储存容积有限，水在罐中的停留时间短，有效地减少了自来水二次污染的可能。

3. 选型计算

由于市政给水管道的压力是波动的，而室内供水系统所需的用水量时刻发生着变化，为保证管网叠压供水设备的节能效果，宜采用变频调速泵组加压供水。

由此，城镇管网与变频泵组实际工况曲线的结合是叠压供水设备选型的依据。

（1）流量。由于系统中没有高位水箱，叠压供水设备必须满足设计秒流量的要求。

（2）扬程。当叠压供水设备与城镇管网直接串联加压时，由于城镇供水管网的余压是波动的，为了确保供水安全，在计算水泵工作扬程时应以城镇供水管网的最低余压计算，满足供水管网最不利配水点的流出水头；同时校核城镇供水管网最大压力时，设备配套的变频调速泵组的工作点仍应在高效区域内。

当叠压供水设备为消除城镇管网对建筑的供水影响而配置调节水箱时，水泵扬程计算应按水箱的最低水位确定，同时按城镇供水管网最大压力来校核变频调速泵组的高效工作段。

当叠压供水设备配套气压给水设备时，变频泵组所带气压罐的最高、最低工作压力应满足气压罐工况要求。

（3）有效贮水容积。对配置贮水水箱的叠压供水设备，调节水箱的有效容积应按给水管网不允许低水压抽水时段的用水量确定，并应采取调节水在水箱中停留时间不得超过12 h的技术措施。

三、减压

高层建筑给水系统减压可采用减压阀、减压水箱、减压孔板等。

减压阀是通过启闭件的节流将进口压力稳至某一个需要的出口压力，并能在进口压力及流量变动时利用本身介质能量保持出口压力基本不变，是给水系统中极为常见的阀门。

减压阀按控制方式可分为直接作用式和先导式，按结构形式和功能特点又可分为比例式和可调式，减压阀减压的原理类似水箱，不仅减动压，还能减静压。本文所述静压或动压是指静水水体即减压阀关闭水流静止时，或减压阀通水情况下，减压阀进口处或出口处的表压力。减压阀代替水箱，具有系统简单、减少设备占地面积、避免二次污染、减轻水流噪声等作用。

（一）比例式减压阀

比例式减压阀由阀体、导流盖、活塞、阀座和密封圈等组成。其主要特点是阀前与阀后压力成一定比例，阀前压力发生变化，阀后压力按比例相应变化。其具有构造简单、阀体体积小，便于加工、安装和维护的特点，但出口压力不能调节。

（二）直接作用可调式减压阀

直接作用可调式减压阀也称弹簧式减压阀，它是利用弹簧的外力和阀门出口水压对薄膜的作用来控制阀瓣的开启度，通过节流达到减压的目的。它由阀体、阀盖、弹簧、调节螺钉、阀瓣、密封垫等组成。

1. 静压减压原理

当出口流量为零时，低压区压力持续升高，弹簧被压缩，高压阀口被关闭，此时低压区的压力为出口静压，由阀口面积、隔膜面积以及可调节的弹簧压力确定。通过调节螺钉可在一定范围内调节出口压力。

2. 动压减压原理

当下游用户用水量增加时，低压室压力降低，膜片向上推力减少，弹簧伸长，阀瓣与阀口的距离变大，从而使水进入低压室的流量增大，最终低压力对膜片的作用力和弹簧对膜片的作用力达到新的平衡，出口压力保持不变。反之，下游用户用水量减少时，则低压室压力增高，对膜片的推力增加，弹簧缩短，阀瓣与阀口的距离变小，流量减小，使膜片两侧建立新的平衡。通过在阀门两侧列水流的能量方程，可知减压阀所减动压即是水流通过减压阀处所造成的能量损失。

由于减压阀的阀口面积通常情况下远小于隔膜面积，阀前压力变化对阀后压力影响较小，因此减压阀还可以起稳压作用。

由于阀体太大、体积笨重，因此该减压阀的规格一般为DN20~DN40，大于DN40一般都做成先导式减压阀。该阀门常用于支管减压的情形。

（三）可调先导式减压阀

先导式减压阀有薄膜式、堰式、活塞式等几种形式，由主阀和先导阀组成，出口压力的变化通过先导阀放大控制主阀动作，并起到稳定出口压力的作用。

减压原理：水从主阀进入，控制水的流向由进口到针阀至节流阀，进入阀盖内，阀盖和阀体由橡胶薄膜隔开。由针阀出来的另一路，经作为导阀的可调式减压阀至出口，主阀出口压力通过可调式减压阀的调节螺钉来调节。

当下游用水时，主阀出口腔压力下降，导阀打开，由于针阀开度小（0.5～2圈），起限制进水量的作用，节流阀开度大（3～6圈），节流阀控制主阀开启速度，由针阀进入的水量小于被节流阀放掉的水量，阀盖内压降低，阀盖内的水经节流阀被压出，主阀阀瓣被打开。如果下游用水量增加，导阀开度增大，针阀进水量比导阀出水量更少，阀盖内压降更大，主阀开度加大，使下游压力仍维持在调定的压力点上。如果下游用水量减少，阀盖内压力升高，使主阀开度变小，从而减少了主阀的流量，与下游用户保持平衡，压力维持原状。如下游流量为零，则导阀关闭，阀盖内压力升高，与主阀进口压力相等，由于阀瓣上面积比下面积大，总的合力向下，主阀关闭。关闭时的出口压力为出口静压，静压比出口动压略高一些。先导式减压阀的特点是稳压，进口压力有时会发生变化，经减压后出口压力始终能稳定在所调定的压力点上。

先导式减压阀结构复杂，对管理能力和维修力量要求较高，规格一般为DN50～DN150，减压比多在5：1以内，出口调压范围为0.1～0.8 MPa，常用于系统对阀后压力要求稳定、干管减压情形。

（四）减压阀组的安装

减压阀的设置须符合下列要求：

1. 宜设置两组，其中一组备用，环网供水或设置在自动喷水灭火系统报警阀前时可单组安装。

2. 公称直径应与管道直径一致。

3. 阀前应设阀门和过滤器，须拆卸阀体才能检修的减压阀后应设管道伸缩器，检修时阀后水会倒流，阀后应设阀门。

4. 减压阀节点处的前后应装设压力表。

5. 比例式减压阀宜垂直安装，可调式减压阀宜水平安装。

6. 设置减压阀的部位，应便于管道过滤器的排污和检修，地面宜有排水设施。

第四章 高层建筑排水系统

第一节 高层建筑排水系统概述

高层建筑多为公共建筑或住宅建筑，其排水系统主要排出盥洗、淋浴、洗涤等生活废水，粪便污水，雨雪水，以及餐厅、车库、洗衣房、游泳池、空调设备等附属设施的排水。

（一）排水系统的分类

排水系统根据排水的来源及水质被污染的程度可分为：

1. 生活污水排水系统。排出大、小便器以及与之类似的卫生设备排出的污水。

2. 生活废水排水系统。排出洗涤盆、洗脸盆、沐浴设备等排出的洗涤废水，以及与之水质相近的洗衣房和游泳池的排放废水。

3. 屋面雨水排水系统。排出屋面雨雪水的排水系统。

4. 特殊排水系统。排出空调、冷冻机等设备排出的冷却废水，锅炉、换热器、冷却塔等设备的排污废水，车库、洗车场排出的洗车废水，餐厅、公共食堂排出的含油废水，以及医院污水等。

（二）排水体制的选择

高层建筑污废水是合流还是分流排放，是排水系统设计的重要问题，应根据污废水性质及污染程度、结合室外排水体制、综合利用的可能性以及处理要求等综合考虑确定。

1. 生活污、废水分流的情况

（1）建筑物使用性质对卫生标准要求较高时，宜采用分流制；

（2）生活废水量较大，且环卫部门要求生活污水须经化粪池处理后才能排入城镇排水管道时，宜将生活污、废水分流，以减小处理设施容积，提高对粪便污水的处理效果；

（3）生活废水需要回收利用或用作中水水源时，宜采用分流制。

2. 单独排至水处理构筑物或回收构筑物的情况

（1）食堂、营业餐厅的厨房含有大量油脂的洗涤废水；

（2）机械自动洗车台冲洗水；

（3）含有大量致病菌或放射性元素超过排放标准的医院污水；

（4）水温超过 40℃的锅炉、水加热器等加热设备排水；

（5）用作回用水水源的生活排水；

（6）实验室有毒、有害废水。

3. 合流排出的情况

当有城镇污水处理厂，或少数污、废水负荷较小，或污、废水不便分流的建筑，如办公楼、标准较低的住宅等，生活污废水宜合流排出。

4. 建筑雨水的排放及利用

建筑雨水管道应单独设置，在缺水地区，应尽量考虑利用雨水的措施。

（三）排水管道的组成及特点

建筑内部排水系统由卫生器具（受水器）、器具排水管、排水横支管、立管、横干管、通气系统、排水附件、局部处理构筑物以及提升设备等构成。但高层建筑排水系统具有自身的特点。

1. 卫生器具多，排水点多，排水水质差异大

高层建筑通常体积大、功能复杂、建筑标准高，因此用水设备类型多，排水点多，排水点位置分布不规律，水质差异大，排水管道类型多。

2. 排水立管长，水量大，流速高

由于建筑高度大，较高楼层排出的污水汇入下层立管和横干管中，水量和流速逐渐增加。若排水系统设计不合理，致使管内气流、水流不畅，则经常会引起卫生器具水封破坏，臭气进入室内污染空气环境，或者管道经常堵塞，严重影响使用。

3. 排水干管服务范围大，设计或安装不合理造成的影响大

由于高层建筑体积大，在排水管道转换过程中常有较长的排水横干管，沿路收集与之水质类似的立管排水，若管道设计或安装不合理，横干管内气流、水流不畅，必然影响与之相连接的多根立管内的气、水两相流流态，影响范围大。

因此，高层建筑中，排水系统功能的优劣很大程度上取决于通气系统设置是否合理，这是高层建筑排水系统中最重要的问题。

（四）排水系统类型

根据通气方式的不同，高层建筑排水管道的组合类型可分为单立管、双立管和三立管排水系统。

1. 单立管排水系统

单立管排水系统只有一根排水立管，不设专用通气立管，主要利用排水立管本身及其连接的横支管和附件进行气流交换。根据层数和卫生器具的多少，单立管排水系统有三种类型。

（1）无通气的单立管排水系统。该系统适用于排水立管短、卫生器具少、排水量小、立管顶端不便伸出屋面的高层建筑的裙房或其附属的多层建筑。

（2）有伸顶通气的普通单立管排水系统。该系统适用于高层建筑裙房或其附属的多层建筑，对高层建筑中排水量较小、水质相对清洁的废水的排放，也可采用该种形式。

（3）特制配件单立管排水系统。该系统适用于高层建筑及裙房。

2. 双立管排水系统

该系统由一根排水立管和一根专用通气立管组成，主要利用通气立管与大气进行气流交换，也可利用通气立管自循环通气。

3. 三立管排水系统

该系统为两根排水立管共用一根通气立管，排水系统由两根排水立管和通气立管组成。高层建筑生活污水管道宜设置双立管或三立管排水系统。

（五）特殊排水系统

重力流系统是目前建筑内部应用最广泛的排水系统，具有节能且管理简单等优点。当无法采用重力流排水时，可采用以下两种特殊排水系统。

1. 压力流排水系统

在卫生器具排水口下装设微型污水泵，卫生器具排水时微型污水泵启动加压排水，使排水管内的水流状态由重力非满流变为压力满流。

2. 真空排水系统

在排水系统末端设有由真空泵、真空收集器和污水泵组成的真空泵站。坐便器采用设有手动真空阀的真空坐便器；其他卫生器具下面设液位传感器，自动控制真空阀的启闭。卫生器具排水时真空阀打开，真空泵启动，将污水吸到真空收集器里贮存，定期由污水泵将污水送到室外。

这两种排水系统目前多应用于飞机、火车等交通工具和某些特殊的工业领域。与重力流系统相比，压力流和真空排水系统具有节水、排水管径小、占用空间小、横管无须坡度、流速大、自净能力较强等优点。但是，这两种排水系统也具有造价高、消耗动力、管理复杂和日常运行费用较高的缺点。

第二节 排水系统中水流和气流的特点

卫生器具排水的特点是间歇排水。排水中含有粪便、纸屑等杂物，在排水过程中又挟带大量空气，实际水流运动呈水、气、固三相流状态。因固体物所占体积较小，可简化为水、气两相断续非均匀流。对排水系统中水、气两相流的研究，是合理设计高层建筑排水系统的基础。

一、水封及其被破坏的原因

为防止排水管道中产生的臭气及各种有害气体进入室内污染环境，须在卫生器具出口处设置存水弯。存水弯中存有一定高度的水柱，称为水封高度。水封高度越大，防止气体穿透的能力越强，但也越容易在存水弯底部沉积脏物，堵塞管道。为防止气体穿透水封进入室内，水封高度不得小于 50 mm，通常采用 50 ～ 100 mm；对于特殊用途器具，当存水弯较易清扫时，水封高度可以超过 100 mm。常用的水封装置有存水弯和水封井。

（一）自虹吸作用

卫生器具瞬时大量排水时，因存水弯自身充满而发生虹吸，使存水弯中的水被抽吸。

（二）诱导虹吸作用

立管中排水流量较大时，会造成中、上部立管水流流过的横支管在短时间内形成负压，使卫生器具的水封被抽吸；横支管上一个或多个卫生器具排水时，也会造成不排水卫生器具的存水弯产生压力波动，形成虹吸而破坏水封。

（三）正压喷溅

当卫生器具大量排水时，立管中水流高速下降，易在立管底部形成正压，使存水弯中的水封受压向上喷冒；当正压消失时，上升的水柱下落，由于惯性力使部分水向流出方向排出而损失水封高度。

（四）惯性晃动

立管中瞬时大量排水或通气管中倒灌强风，使水封水面交替上下晃动，不断溢出水量，降低水封高度。

（五）毛细管现象

在存水弯的排出口一侧因向下挂有毛发、布条之类的杂物，在毛细管作用下吸出存水弯中的水。

（六）蒸发

卫生器具长期不用，存水弯中的水封因逐渐蒸发而破坏，尤其在冬季室内有采暖设备时蒸发更快。学校或旅馆等长期无人使用的卫生间，地漏水封容易因蒸发而损失。

二、排水横管中的水流运动

建筑内部排水横管中的水流运动是一种复杂的带有可压缩性气体的非稳定、非均匀的流动。

（一）横管的水流状态

器具排出管竖直下落的污水具有较大的动能，在器具排出管或排水立管与横管连接处流态发生转换，水面壅起形成水跃。此后流速下降，水流在横管内形成具有一定水深的横向流动。水流能量转化的剧烈程度与管道坡度、管径、排水流量、持续时间、排放点高度、卫生器具出口形式及管件形式等因素有关。

高层建筑立管长、排水流量大，污废水到达立管下端后，高速冲入横干管产生强烈的冲激流，水面高高跃起，污废水可能充满整个管道断面。

卫生器具距离横支管的高差较小，污废水具有的动能小，在横支管处形成的水跃紊动性较弱，水流在横管内通常呈八字形流动。水面壅起较高时，也可能充满整个管段断面。

（二）横管中的气压变化

当卫生器具排水时，有可能造成管道内局部空气不能自由流动而形成正压或负压，导致水封破坏。排水管道设计成非满流，是让空气有自由流动的空间，防止压力波动。

当立管排水时，水流不断下落，立管底部与横干管之间的空气不能自由流动，空气压力骤然上升，使下部几层横支管形成较大的正压。当排水量大时，存水弯内的水还可能出现正压喷溅现象。

三、排水立管中的水流运动

（一）立管的水流状态

由横支管进入立管的水流是断续、非均匀的，排水立管中的水流为水、气两相流。水流或气流的大小决定了立管工作状态是否良好，因此，各种管径的立管都只允许一定的水量（或气量）通过，以保证水流在下落过程中产生的压力波动不致破坏水封。

影响立管中水流运动最主要的因素是立管的充水率，即水流断面占管道断面的比例。

排水立管中的水流状态可分为以下三种。

1. 附壁螺旋流

当流量较小、充水率低时，因排水立管内壁粗糙，管壁和水的界面张力较大，水流沿着管壁周边向下做螺旋运动。此时立管中气流顺畅，通气量大，气压稳定。

随着流量增加，螺旋运动开始被破坏，当水量足够覆盖住管壁时，螺旋流完全停止，水流附着管壁下落，此时管内气压仍较稳定。但这种状态属于过渡阶段，时间短，流量稍微增加，很快就转入另一个状态。

2. 水膜流

当流量继续增加，由于空气阻力和管壁摩擦力的作用，形成具有一定厚度的环状薄膜，沿管壁向下运动。这一状态有两个特点：第一，环状水流下降过程中可能伴随产生横向隔膜，导致短时间内形成不稳定的水塞，但这种横向隔膜较薄，能够被空气冲破，这种现象主要是在充水率为 1/4 ~ 1/3 时发生的；第二，水膜运动开始后便以加速度下降，当下降到一定距离后，速度稳定，水膜厚度不再变化。

3. 水塞流

当流量足够大，充水率大于 1/3 后，横向隔膜的形成更加频繁，厚度的增加也使它不宜被空气冲破，水流进入较稳定的水塞运动阶段。水塞运动引起立管内气压激烈波动，对水封产生严重影响，对排水系统的工况极为不利。

水流下落时带着气体一起流动，水流在立管的中心部位包卷着一团气体，称为气核体。在整个水流下落的过程中，气核体不断发生气体压力的变化：舒张或压缩。

（二）立管中的气压变化及分布规律

一根横支管排水时，当水流从负压处排入立管时，立管顶部以下的气压立刻降为负压，因存在沿程损失，顶部～负压处管段的负压沿立管高度小幅度增加；在水流排入的负压处，压力显著下降，随后负压沿立管高度逐渐过渡到正压。

多根横支管排水时，在同时排水的不同处，空气压力都发生显著下降；受下游排水的影响，上游管段全程处于某一负压下，气压沿立管高度无明显变化，只在下游排入点处发生突变，产生负压叠加；最低排入点以下管段，负压沿立管高度逐渐过渡到正压。

（三）立管的排水能力

气压波动是影响立管排水能力的关键因素，综合考虑技术和经济两方面的需求，各国都采用水膜流作为确定立管排水能力的依据。

水膜流阶段，立管中的水流呈环状向下运动。下降之初，环状水流具有一定的加速度，其厚度与下降速度成反比。下降一段距离后，水流所受管壁的摩擦阻力与重力平衡，水流便做匀速运动，不再有加速度，水膜厚度也不再变化。这种保持着一直降落到底部而不变的速度称为终限流速，自水流入口处直至形成终限流速的距离称为终限长度。

第三节　减缓排水管内气压波动的措施

一、影响排水横管内气压波动的因素

当流量一定时，影响排水横管内气压波动的主要因素是存水弯的构造，排水管道的管径、坡度、长度和连接形式，通气状况。

（一）存水弯构造的影响

S形存水弯与P形存水弯相比，较易形成自虹吸作用，水封损失通常也较P形弯更大。存水弯构造不同，诱导虹吸作用所造成的影响也不相同——与等径存水弯相比，出口口径较小的异径存水弯具有较大的水封损失。

（二）排水管道的管径、坡度、长度及连接方式的影响

当横支管管径、长度相同时，对不同的坡度、不同的立管管径进行实验，比较其对水封的影响程度。

1. 坡度的影响

横管坡度较小时，局部负压产生于靠近立管的位置。器具排水结束后，水塞运动导致气压波动，水封略有损失。

稍稍增大坡度，在临近排水立管处发生水跃，造成横管内产生 50 mm 的负压。器具排水结束后，水跃面在管内负压作用下向上游移动，但未能到达存水弯，负压最终上升至 60 mm，水封损失较大。

继续增大坡度，同样在靠近排水立管处发生水跃。由于坡度较大，水跃缓慢向下游移动，在器具排水结束前达到立管。负压得到缓解，水封没有损失。

2. 立管管径的影响

立管管径较大，横支管内未形成满管流。此时气压稳定，水封没有损失。

立管管径较小，水流在横管与立管连接处受到阻滞。回水导致横管内首先形成 40 mm 以上的正压，后又发生水跃，产生 60 mm 以下的负压。横管内气压波动剧烈，水封损失很

大。当坡度非常小时，负压的作用有可能使水流重新回到存水弯，减小水封损失。

3. 管道长度和连接方式的影响

横管越长，管内因压力波动造成的水封损失也越大。

连接方式对排水管道的气压波动也有一定影响。如与顺水管件相比，直流 90。管件造成的压力波动较大。

与存水弯出口端立即放大管径相比，存水弯出口端经 50 mm 横管后再放大管径的连接方式不宜形成满管流，横管内的压力波动较小。

（三）通气状况的影响

排水横管的气压波动主要由虹吸和诱导虹吸作用造成。设置环形或器具通气管时，可将管内的正、负压区域与大气直接连通，减缓管内的气压波动。此外，设置吸气阀也有助于缓解管内的负压，但对正压不起作用。为保证安全，吸气阀应垂直设置在空气流通的地方。

二、影响排水立管内气压波动的因素

（一）立管内最大负压影响因素分析

与正压相比，高层建筑排水立管内产生负压的绝对值更大，因此把最大负压作为研究对象，以普通伸顶通气的单立管排水系统为例进行分析。水流由横支管进入立管，在立管中呈水膜流状态挟气向下运动，空气从伸顶通气管顶端补入。

（二）立管偏位对管内气压波动的影响

高层建筑排水设计中，对过长的排水立管有的设置了偏位管，认为偏位会降低立管中水流的流速，减小管内的气压波动。有试验研究表明，立管偏位增大了管内空气流动的阻力，会造成更大的气压波动。

（三）化学洗涤剂对管内气压波动的影响

高层建筑排水中含有大量洗涤剂，流动过程中，洗涤剂不断与污水和空气混合，容易产生泡沫。泡沫的容重介于水和空气之间。污水很容易通过泡沫流走，但空气则被挡住。泡沫不断压缩和积聚，会造成管道通气断面堵塞，形成气压波动。同时，洗涤剂还能降低水与管壁间的表面张力，增大污水在立管内的下降速度，也加剧了气压的波动。

三、排水管道的通气系统

设置通气系统，可以使排水管内的空气直接与大气相通，稳定管内压力。合理设置通气管道不但能保持卫生器具的水封高度，还有助于排出管道中的有害气体、增大管道的通水能力、减小噪声。

（一）建筑内部排水管道的通气方式

1. 普通伸顶通气

把排水立管顶部延长伸出屋顶，通气主要靠排水立管的中心空间。该通气方式适用于排水量小的10层以下多层或低层建筑，是最经济的排水系统，也称为普通单立管排水系统。

2. 专用通气立管通气

设置的通气立管仅与排水立管连接，可保障排水立管内的空气畅通。该通气方式适用于横支管上卫生器具较少、横支管不长的高层建筑排水系统。

3. 互补湿通气

当洗涤废水与粪便污水分流排放时，在两根排水立管之间每隔 3～5 层设连通管，形成互补湿通气方式。大便器的排水量虽大，但历时短，粪便污水立管经常处于空管，可作为通气立管使用。

4. 环形通气管通气

当排水横支管连接 4 个及 4 个以上卫生器具且横支管长度大于 12 m，或连接 6 个及 6 个以上大便器时，应在横支管上设置环形通气管。设置环形通气管的同时，应设置通气立管。既与环形通气管连接，又与排水立管连接的通气立管，称为主通气立管；仅与环形通气管连接的通气立管，称为副通气立管。

5. 器具通气管通气

在卫生器具存水弯出口端设置的通气管道。设置器具通气管的同时，应设置环形通气管。这种通气方式可防止存水弯形成自虹吸，通气效果好，但造价高、施工复杂，建筑上管道隐蔽处理也比较困难，一般用于对卫生、安静要求较高的建筑。

6. 共用通气立管通气

两根排水立管合用一根通气立管，以降低造价、减小占地面积。这种通气方式是上述 2 和 3 两种方式的结合，具有双重功能。

7. 自循环通气

通气立管在顶端、层间和排水立管相连，在底端与排出管连接，排水时在管道内产生的正负压通过连接的通气管道迂回补气而达到平衡的通气方式。目前，自循环通气在实践中的应用尚处于探索阶段。

（二）通气管管径

通气管管径应根据排水管负荷、管道长度确定，原则如下。

1. 通气管的最小管径不宜小于排水管管径的1/2。

2. 通气立管长度在 50 m 以上时，其管径应与排水立管管径相同。

3. 通气立管长度不大于50 m，且两根及两根以上排水立管同时与一根通气立管相连，且其管径不宜小于其余任何一根排水立管管径。

4. 排水立管与通气立管之间的连接管，称结合通气管，其管径不宜小于与其连接的通气立管管径。

5. 伸顶通气管的管径应与排水立管管径相同。但在最冷月平均气温低于-13℃的地区，应在室内平顶或吊顶以下0.3 m处将管径放大一号。

6. 当两根或两根以上污水立管的通气管汇合连接时，汇合通气管的断面积应为最大一根通气管加其余通气管断面积之和的0.25倍。

（三）通气管的安装要求

1. 伸顶通气管

（1）通气管高出屋面不得小于0.3 m，同时应大于最大积雪厚度。在经常有人停留的平屋面上，通气管口应高出屋面2.0 m以上，同时应根据防雷要求考虑防雷装置；当利用屋顶做花园、茶园时，应进行建筑上的处理。通气管顶端应装设风帽或网罩。

（2）在通气管口周围4 m以内有门、窗时，通气管应高出门、窗顶0.6 m或引向无门、窗一侧。

（3）伸顶通气管的顶端有冻结闭锁可能时，可放大管径，管径变化点应设在建筑物内平顶或吊顶以下0.3 m处。

（4）不伸出屋面而布置在建筑外墙面的通气管，其装饰构造不得阻碍通气能力。通气管口不能设在建筑物挑出部分（如屋檐檐口、阳台和雨篷等）的下面。

（5）通气立管不得接纳器具污水、废水和雨水，不得与风道和烟道连接。通气立管的上端可在最高层卫生器具上边缘以上不小于0.15 m或检查口以上与排水立管通气部分以斜三通连接，下端应在最低排水横支管以下与排水立管以斜三通连接。

2. 通气横支管

（1）为避免造成"死端"，使污物滞留，阻碍通气，环形通气管应在排水横支管最上游的第一、第二个卫生器具之间接出，接出点应高于排水横支管中心线，同时应与排水管断面垂直或与垂直中心线呈45°角。

（2）通气横支管应有不小于0.01的坡度坡向排水管，以便管内湿热气流形成的凝水能自流入排水管。为防止凝结水积聚阻塞通气管道，通气横支管上不应有凹形弯曲部位。

（3）通气横支管应在本层最高卫生器具上边缘以上不小于0.15 m处，与通气立管连接。

3. 结合通气管（又称共轭通气管）

（1）专用通气立管宜每层或隔层、主通气立管不超过8层设结合通气管与排水立管连接。结合通气管下端宜在排水横支管以下与排水立管以斜三通连接，上端可在卫生器具上边缘以上不小于 0.15 m 处与通气立管以斜三通连接。

（2）当结合通气管布置有困难时，可用 H 管件代替。H 管与通气管的连接点应在卫生器具上边缘以上不小于 0.15 m 处。

4.排水立管偏位的通气。

与垂直线超过 45°的偏离立管，除系统最低排水横支管以下的偏位管外，可按下列措施之一设通气管：

（1）偏位管的上部和下部分别作为单独的排水立管设置通气立管；

（2）偏位管上部设结合通气管，偏位管下部的排水立管向上延长，或偏位管下部最高位排水横支管与排水立管连接点上方设置安全通气管。

四、特殊单立管排水系统

空气通道被水流断面挤占或切断，是造成排水立管内气压波动的根本原因。目前，特殊单立管排水系统分别从两条途径解决这一问题。

一是在立管内壁设置有突起的螺旋导流槽，同时配套使用偏心三通，水流经偏心三通沿切线方向进入立管后，在螺旋突起的引导下沿立管管壁螺旋下降，流动过程中立管中心空气畅通，管内压力稳定。

二是在横支管与立管连接处、立管底部与横干管或排出管连接处设置特制配件，缓解管内的压力波动。高层建筑排水立管多，不设通气管道仅设伸顶通气管，更有利于建筑的空间利用。

（一）特制配件的形式

特制配件包括上部特制配件和下部特制配件，两者须配套使用。

1.上部特制配件

上部特制配件用于排水横支管与立管的连接，具有气、水混合，减缓立管中水流速度和消除水舌等功能。

（1）混合器

乙字管控制立管水流速度；分离器使立管和横管水流在各自的隔间内流动，避免相互冲击和干扰；挡板上部留有缝隙，可流通空气，平衡立管和横管的气压，防止虹吸作用。混合器构造简单、维护容易、安装方便，最多可接纳三个方向的来水。

（2）环流器

中部有一段内管，可阻挡横管水流与立管水流的相互冲击或阻截；立管水流从内管流出成倒漏斗状，以自然扩散角下落，形成气、水混合物；环流器可接入多条横管，减少了横管内排水合流而产生的水塞现象。环流器构造简单，不宜堵塞，多余的接口还可用作清扫口。

（3）环旋器

内部构造同环流器，不同点在于横管以切线方向接入，使横管水流接入环旋器后形成一定程度的旋流，有利于保持立管的空气芯。由于横管从切线方向接入，中心无法对准，给对称布置的卫生间采用环流器带来困难。

（4）侧流器

由主室和侧室组成，由侧室消除立管水流下落时对横管的负压抽吸。立管下端装有涡流叶片，能继续维持排水立管的空气芯，保证了立管和横管的水流同时同步旋转而又增加支管接入数量。优点是能有效控制排水噪声，但因涡流叶片构造复杂，易堵塞。

2. 下部特制配件

下部特制配件用于排水立管底部，与横干管或排出管连接，排水时，能同时起到气水分离、消能等作用。

（1）跑气器

分离室有凸块，使气水分离，释放的气体从跑气口排出，保证了排水立管底部压力恒定，释放出气体后的水流体积减小，减小了横干管的充满度。跑气器通常和混合器配套使用。

（2）角笛式弯头和带跑气器角笛式弯头

接头有足够的高度和空间，可以容纳立管带来的高峰瞬时流量，也可控制水流所引起的水跃。角笛式弯头常与环流器、环旋器配套使用。

（3）大曲率导向弯头

弯头曲率半径加大，并设导向叶片，在叶片角度的导引下，消除了立管底部的水跃、壅水和水流对弯头底部的撞击。导向弯头常和侧流器等配套使用。

（二）特殊单立管排水系统的管径

当使用特制配件的单立管排水系统时，立管管径不应小于 100 mm。

（三）特制配件的选用

1. 上部特制配件

（1）混合器

排水立管靠墙敷设，排水横支管单向、双向或三向从侧面与立管连接；同层排水横支管在不同高度通过混合器与排水立管连接。

（2）环流器

排水立管不靠墙敷设，多根排水横支管通过环流器可从多个方向与排水立管连接。

（3）环旋器

排水立管不靠墙敷设，多根排水横支管从多个方向在非同一水平轴向通过环旋器与排水立管连接。

（4）侧流器

排水立管靠墙角敷设，排水横支管数量在 3 根及 3 根以上，且不从侧向与排水立管连接。

2. 下部特制配件

（1）下部特制配件应与上部特制配件配套选用。当上部特制配件为混合器，则配套跑气器；当上部特制配件为环流器、环旋器、侧流器时，则配套角笛式弯头、大曲率导向弯头或跑气器。

（2）当排水立管与总排水横管连接时，连接处应设跑气器。

（3）当上、下排水立管之间用横管偏位连接时，上部立管与横管连接处应设跑气器。

第四节　高层卫生间与排水管道的布置和安装

在一定程度上，高层建筑卫生间的设计影响着建筑物的档次；而排水管道的布置与安装，对使用和检修又有着直接的影响。

一、卫生间的布置

（一）卫生间的面积

根据当地气候条件、生活习惯和卫生器具设置的数量确定。普通住宅、公寓和旅馆的卫生间面积以 3.5～4.5 m2 为宜。

（二）卫生器具的设置应根据建筑标准而定

住宅卫生间内应设大便器、洗脸盆和沐浴设备，或预留沐浴设备的位置，同时还应预留洗衣机位置；旅馆卫生间应设坐便器、浴盆和洗脸盆；高级宾馆卫生间内还可设置妇女卫生盆；办公楼女卫生间应设置大便器、洗手盆、洗涤盆，男卫生间内还应设置小便器。

公共场所设置的小便器，应采用延时自闭冲洗阀或自动冲洗装置；洗手盆、大便器均应选用节水类型，公共场所可采用脚踏或光控开关。建筑物等级越高，所选器具在外形、色彩、防噪声、方便使用等方面的性能也越好，使用起来也更为舒适。

（三）卫生间的布置形式

根据卫生器具的尺寸和数量合理布置，但必须考虑排水管的位置，对于室内粪便污水与生活废水分流的系统，排出生活废水的器具或设备（如浴盆、洗脸盆、洗衣机、地漏）应尽量靠近，有利于管道布置和敷设。

二、管道井的设计

高层建筑中，卫生间一般成对布置，以便共用给、排水及其他立管，由于各种立管数量多，紧靠卫生间常设管道井，集中安装各种立管。管道井尺寸应根据管道数量、管径大小、排列方式、安装维修条件，结合建筑平面和结构形式等合理确定。管道井设计时，应注意以下几方面：

1. 集中管道井尺寸一般不小于 0.7 m×1.0 m。

2. 需人进入维修的管井，两排管道之间要留有不宜小于 0.5 m 的通道。

3. 为检修方便，管道井应每层设检修门，检修门开向走廊。

4. 不超过 100 m 的高层建筑，管道井内至少每 2 层应设横向隔断；建筑物高度超过 100 m 时，每层应设隔断。隔断的耐火等级与楼板结构相同。

5. 当管井的每层有楼板时，应预留通风孔，以利于井内通风良好。

6. 在矩形管井周围可设槽钢，在槽钢上设支架固定立管。

7. 管道井内靠走廊的墙壁上可设铁爬梯，以备维修时使用。

三、高层建筑排水管道的布置与敷设

高层建筑排水管道布置与敷设的基本原则与低层建筑相同。其特点主要表现在：高层建筑体量大，建筑的不均匀沉降可能引起出户管平坡或倒坡；暗装管道多，建筑吊顶高度有限，横管敷设坡度受到一定的限制；居住人员多，若管理水平低、卫生器具使用不合理、冲洗不及时，容易造成淤积堵塞；排水横支管多、流量大、立管长，排水管内的气压波动大。

因此，高层建筑排水管道在布置与敷设中面临的实际情况更为复杂，要求也更高。

（一）基本原则与一般要求

除满足排水管道布置和敷设的基本要求外，高层建筑排水管道还应特别注意解决好以下问题。

1. 满足排水通畅，使水力条件最佳

（1）排水横支管不宜太长，连接的卫生器具也不宜太多。

（2）排水支管连接在排出管或排水横干管上时，连接点距立管底部下游水平距离不得小于 1.5 m。不能满足时，须单独排出。

（3）横支管排入横干管竖直转向管段时，连接点应距转向处以下不得小于 0.6 m。

（4）排水管道的连接应符合下列规定：

①卫生器具排水管与排水横支管垂直连接，宜采用 90°斜三通。

②排水管道的横管与立管连接，宜采用 45°斜三通或 45°斜四通和顺水三通或顺水四通。

③排水立管与排出管端部的连接，宜采用两个 45°弯头、弯曲半径不小于 4 倍管径的 90°弯头或 90°变径弯头。

④排水立管应避免在轴线偏置；当受条件限制时，宜用乙字弯或两个 45°弯头连接。

⑤当排水支管、排水立管接入横干管时，应在横干管管顶或其两侧 45°范围内采用 45°斜三通接入。

⑥排出管与室外管道连接时，排出管管顶标高不得低于室外接户管管顶标高，连接处的水流偏转角不得大于 90°。当排水管管径小于等于 300 mm 且跌落差大于 0.3 m 时，可不受角度的限制。

2. 保证建筑物的使用及安全

（1）排水立管不得穿越卧室、病房等对卫生、安静有较高要求的房间，并不宜靠近与卧室相邻的内墙。

（2）为防止火灾贯穿，高层建筑中的塑料排水管应设置阻火装置。规定如下：

①公称外径大于等于 110 mm 的明设立管，在穿越楼板处的下方，应设置阻火圈或防火套管。

②公称外径大于等于 110 mm 的明敷排水横支管接入立管（立管上未设阻火圈），在穿越管井、管窿壁处应设置阻火圈或防火套管。

③排水横干管不宜穿越防火分区隔墙和防火墙。当不可避免时，应在管道穿越墙体处的两侧设置阻火圈或防火套管。

④若管道井内每层楼板都有防火分隔，或管窿内利用楼板分隔楼层，可不设阻火装置。

（3）室内排水沟与室外排水管道连接处，应设水封。

3. 保护排水管道不受损坏

（1）塑料排水管应避免布置在易受机械撞击处或热源附近。塑料排水立管与家用灶具净距不得小于 0.4 m。

（2）塑料排水管道伸缩节的设置应符合下列规定：

①根据环境温度变化、管道布置位置及管道接口形式考虑是否设置伸缩节，但埋地或埋设于墙体、混凝土柱体内的管道不应设伸缩节。

②排水横管应设置专用伸缩节。

③硬聚氯乙烯管道设置伸缩节时，应符合下列规定：

a. 当层高小于等于 4 m 时，污水立管和通气立管应每层设一个伸缩节。当层高大于 4 m 时，立管上伸缩节的数量应通过计算确定。

b. 排水横支管、横干管、器具通气管、环形通气管和汇合通气管上无汇合管件的直线管段大于 2 m 时，应设伸缩节。伸缩节最大间距不得大于 4m。

c. 伸缩节插口应顺水流方向。

（3）为防止高层建筑沉降导致出户管倒坡，可采取下列防沉降措施：

①可适当增加出户管的坡度，出户管与室外检查井不直接连接，管道敷设在地沟内，管底与沟底预留一定的下沉空间，一般不小于 0.2 m。

②排出管穿地下室外墙时，预埋柔性防水套管。

③在建筑物沉降量大，排出管有可能产生平坡或倒坡时，在排出管的外墙一侧设置柔性接口。接入室外排水检查井的标高应考虑建筑物的沉降量。

（4）排水立管底部架空部位、地下室立管，以及排水管转弯处应设置支墩或固定措施。

4. 满足安装、维修及美观的要求

排水管道可在管槽、管道井、管窿、管沟或吊顶内暗设，但应便于安装和检修。

（二）间接排水

为了防止水质污染，下列构筑物和设备的排水管不得与污废水管道系统直接连接，应采用间接排水的方式：

1. 生活饮用水贮水池（箱）的泄水管和溢流管；

2. 开水器、热水器排水；

3. 医疗灭菌消毒设备的排水；

4. 蒸发式冷却器、空调设备冷凝水的排水；

5. 贮存食品或饮料的冷藏库房的地面排水和冷风机溶霜水盘的排水。

四、排水管材与附件

（一）排水管材

建筑内部排水管道应采用建筑排水塑料管或柔性接口机制排水铸铁管。

高度超过 100 m 的高层建筑、防火等级要求高的建筑，以及要求环境安静的场所，排水管应采用排水铸铁管。

当环境温度可能出现 0℃以下的场所、连续排水温度大于 40℃或瞬时排水温度大于 80℃的排水管道，应采用金属排水管或耐热塑料排水管。

（二）附件

我国建筑内部排水系统的常用附件，主要包括存水弯、地漏、清扫口和检查口等。

1. 地漏

地漏主要用来排出地面水。厕所、盥洗室、卫生间及其他需要经常从地面排水的房间，均应设置地漏。地漏应优先采用具有防涸功能的地漏，严禁采用钟罩（扣碗）式地漏。带水封地漏的水封深度不得小于 50 mm。

高级宾馆客房卫生间在业主同意时，也可不设地漏。卫生标准要求高或非经常使用地漏排水的场所，如手术室、人防地下室洗消入口、管道技术层内等处，应设密闭地漏。食堂、厨房、公共浴室等排水宜采用网框式地漏。住宅套内应按洗衣机摆放位置设置地漏，排水管道不得接入雨水系统。

2. 检查口和清扫口

检查口是带有可开启检查盖的配件，装设在排水立管及较长水平管段上，可起检查和双向清通的作用。清扫口是装设在排水横管上，用于单向清通排水管道。检查口和清扫口应按下列规定设置。

（1）铸铁排水立管上检查口之间的距离不宜大于 10 m，塑料排水立管宜每 6 层设一个检查口；同时满足在建筑物最底层和设有卫生器具的 2 层以上建筑物的最高层，设置检查口；当立管水平拐弯或有乙字管时，在该层立管拐弯处和乙字管的上部应设检查口。

（2）连接 2 个及 2 个以上大便器，或三个及三个以上卫生器具的铸铁排水横管上，宜设置清扫口。在连接 4 个及 4 个以上大便器的塑料排水横管上，宜设置清扫口。

（3）在水流偏转角大于 45° 的排水横管上，应设清扫口或检查口，或采用带清扫口的转角配件替代。

（4）排水横管的直线管段上检查口或清扫口之间的最大距离。

（5）最冷月平均气温低于 -13℃ 的地区，立管还应在最高层离室内顶棚 0.5 m 处设置检查口。

3. 排水止回阀

当卫生器具或地漏的标高低于室外排水系统检查井井口标高时，若室外排水管段堵塞，污水就可能倒流入室内，并从卫生器具或地漏处流出。

排水止回阀增加了水流的阻力，只应设在有倒流危险的卫生器具或地漏排水的支管上。此外，排水止回阀的工作部件也应方便经常性的维护。

4. 注水器

为了保护水封，美国的污水排水系统中普遍使用注水器。注水器包括水力自动式注水器、电动式注水器和存水弯保护器等形式。

（1）水力自动式注水器

给水水源可以来自器具排水或自来水，但器具排水的杂质易堵塞注水器。以自来水为水源的水力自动注水器：当排水管中的压力波动达 35 ～ 70 kPa 时，自动注水阀就打开注水。为防止堵塞，通往注水器的管道应从给水管的上方接出。为防止回流污染，注水器内设有真空破坏器。通过配水器，这种注水器可同时供 4 个地漏使用。

水力自动式注水器不适用于长期无人使用卫生设备的地方。

（2）电动式注水器

电动式注水器实质上是配备定时装置的电磁阀。为防止回流污染，注水器下游也必须安装真空破坏器。一个电动式注水器可同时供几十个地漏使用。

（3）存水弯保护器

这是一种隔断装置。其主要部件是一截可伸缩的塑料薄软管。当有水要流入地漏时，软管张开，水流通过。当无水流通过时，软管卷起，将污水系统与室内隔断。

五、污废水提升设备及集水池

高层建筑地下室和人防工程的生活排水、地坪排水，消防电梯底部集水坑内的污废水，若不能自流排至室外检查井时，须利用提升设备提升排出。

（一）提升设备

建筑内部提升排水应优先采用潜水排污泵和液下排水泵，其中液下排水泵一般在重要场所使用。

1. 排水泵的流量

应按排水设计秒流量确定排水泵的流量，当有排水构筑物调节时，可按生活排水最大时流量确定。消防电梯集水池内的排水泵流量应不小于 10 L/s。

2. 排水泵的扬程

排水泵的扬程应按提升高度、管道水头损失计算后，再附加 0.02 ～ 0.03 MPa 的自由水头。排水泵吸水管和出水管的流速不应小于 0.7 m/s，并不宜大于 2.0 m/s。

3. 排水泵的设置要求

公共建筑内应以每个生活排水集水池为单元设置 1 台备用泵，交替运行。地下室、设备机房、车库冲洗地面的排水，如有 2 台及以上排水泵时可不设备用泵。2 台及以上的水泵共用一根出水管时，应在每台水泵出水管上装设阀门和止回阀；单台水泵排水有可能产生倒灌时，应设止回阀。压力排水管不得与重力流排水管合并排出。污水泵的启闭，应设置自动控制装置，多台水泵可并联交替或分段投入运行。当污废水含有大块杂质时，潜水排污泵宜带有粉碎装置；当污废水含有较多纤维物时，宜采用大通道潜水排污泵。

（二）集水池

1. 设置要求

对于地下室水泵房排水，可就近在泵房内设置集水池，但池壁应采取防渗漏、防腐蚀措施；对电梯井消防排水集水池，可设于电梯井邻近处，不宜直接设在电梯井内，池底低于电梯井底不小于 0.7 m；对收集地下车库坡道处的雨水集水井，应尽量靠近坡道尽头处，车库地面排水集水池应靠近外墙处设置，并使排水管、排水沟尽量简洁。

2. 容积计算

集水池的有效容积，不宜小于最大一台泵 5 min 的出水量，且水泵每小时启动次数不宜超过 6 次。除满足有效容积外，集水池容积还应满足水泵设置、水位控制器、格栅等安装和检查的需要，同时满足水泵吸水要求。生活排水调节池的有效容积不得大于 6 h 生活排水平均时流量。消防电梯井集水池的有效容积不得小于 2 m3。

3. 设计要求

有效水深一般取 1.0～1.5 m，保护高度取 0.3～0.5 m。集水池的池底应有不小于 0.01 的坡度，坡向吸水坑。当污水含有较多悬浮物时，一般采用 0.1～0.2 的坡度。集水池内壁应采取防腐防渗漏措施。

室内地下室生活污水集水池的池盖应密闭，并应设通气管。地下车库坡道处的雨水集水沟，车库、泵房、空调机房等处地面排水的集水池，可以采用敞开式。敞开式集水池应设置格栅盖板。

集水池吸水坑内宜设冲洗水管，但不得利用生活饮用水管直接冲洗，可利用水泵出水管或潜水泵蜗体上安装的特制冲洗阀冲洗。

第五节 排水管道的计算

一、排水量标准及设计秒流量

1. 高层建筑生活污水排水量标准及小时变化系数与其生活用水标准相同。

2. 高层建筑生活污水的最大小时排水量与其生活用水的最大小时用水量相同。

3. 高层建筑生活污水排水管道设计秒流量的计算与一般单层或多层建筑相同，可按下列公式计算。

（1）住宅、宿舍（Ⅰ、Ⅱ类）、旅馆、宾馆、酒店式公寓、医院、疗养院、幼儿园、养老院、办公楼、商场、图书院、书店、客运中心、航站楼、会展中心、中小学教学楼、食堂或营业性餐厅等建筑生活排水系统，管段设计秒流量可按下面式子计算：

$$q_u = 0.12\alpha \sqrt{N_p} + q_{max}$$

式中，q_u—计算管段排水设计秒流量，L/s；

N_p—计算管段的卫生器具排水当量总数；

α—根据建筑物用途而定的系数。

（2）宿舍（Ⅱ，Ⅳ类）、工业企业生活间、公共浴室、洗衣房、职工食堂或营业性餐厅的厨房、实验室、影剧院、体育场馆等建筑的生活排水系统，管段设计秒流量可按下面式子计算：

$$q_p = \sum q_0 n_0 b$$

式中，　q_p—计算管段排水设计秒流量，L/s；

n_0—同类型的一个卫生器具排水流量，L/s；

b—卫生器具同时排水百分数，按同类建筑有关卫生器具的同时给水百分数选用，冲洗水箱大便器的同时排水百分数应按 12% 计算。

当计算排水流量小于一个大便器的排水流量时，应按一个大便的排水流量计算。

二、高层建筑排水管道的水力计算

1. 高层建筑排水横管的最小坡度、最大设计充满度与一般建筑相同。

2. 高层建筑排水横管的水力计算公式与一般建筑相同。可根据设计秒流量，通过查相应排水管材的水力计算表，结合该管材的坡度和设计充满度规定，确定排水横管的管径和坡度。

3. 高层建筑生活排水立管的最大排水能力与一般建筑相同。

4. 高层建筑生活排水管道最小管径同一般建筑。

第五章　特殊地区特殊性质的建筑给排水系统

第一节　湿陷性黄土区给排水管道

一、湿陷性黄土区特点

我国的湿陷性黄土区主要分布在陕西、甘肃、山西、河南、内蒙古、青海、宁夏、新疆和东北的部分地区。湿陷性黄土的主要特点是在天然湿度下具有很高的强度，可以承受一般建筑物或构筑物的重量，但是，在一定压力下受水浸湿后，黄土结构迅速被破坏，表现出极大的不稳定性，产生显著下沉的现象，故称作湿陷性黄土。

建筑在湿陷性黄土区的建筑物或构筑物，常因给排水管道漏水而造成湿陷事故，使建筑物遭受破坏。为了避免湿陷事故的发生，保证建筑物的安全和正常使用，在设计中不仅要考虑防止管道和构筑物的地基因受水浸湿而引起沉降的可能性，还要考虑给排水管道和构筑物漏水而使附近建筑物发生湿陷的可能性。

二、管道布置要求

1. 设计时，要求有关专业充分考虑湿陷性黄土的特点，尽量使给水点、排水点集中，避免管道过长、埋设过深，从而减少漏水机会。

2. 管道布置应有利于及早发现漏水现象，以便及时维修和排出事故，为此，室内给排水管道应尽量明装，给水管由室外进入室内后，应立即翻出地面，排水支管应尽量沿墙敷设在地面上或悬吊在楼板下，厂房雨水管道应悬吊明装或采取外排水方式。

3. 当室内埋地管道较多时，可视具体情况采取综合管沟的方案。

4. 为便于检修，室内给水管道，在引入管、干管或支管上适当增加阀门。

5. 给排水管道穿越建筑物承重墙或基础时，应预留孔洞。

6. 在小区或街坊管网设计中，注意各种管道交叉排列，做好小区或街坊管网的管道综合布置。

三、管材及管道接口

(一)管材选用

敷设在湿陷性黄土地区的给排水管道,其材料应经久耐用,管材质量一般应高于一般地区的要求。

1. 压力管道应采用钢管、给水铸铁管或预应力钢筋混凝土管。自流管道应采用铸铁管、离心成型钢筋混凝土管、内外上釉陶土管或耐酸陶土管。

2. 室内排水采用排水沟时,排水沟应采用钢筋混凝土结构,并做防水面层。

3. 湿陷性黄土对金属管材有一定的腐蚀作用,故对埋地铸铁管应做好防腐处理,对埋地钢管及钢配件应加强防腐处理。

(二)管道接口

给排水管道的接口必须密实,并有柔性,即使在管道有轻微的不均匀沉降时,仍能保证接口处不渗不漏。

镀锌钢管一般采用螺纹连接;焊接钢管、无缝钢管采用焊接;承插式给水铸铁管,一般采用石棉水泥接口;承插式排水铸铁管,采用石棉水泥接口;承插式钢筋混凝土管、承插式混凝土管和承插式陶土管,一般采用石棉水泥沥青玛蹄脂接口,不宜采用水泥砂浆接口;钢筋混凝土或混凝土排水管,一般采用套管(套环)石棉水泥接口,不宜采用平口抹带接口;自应力水泥砂浆接口和水泥砂浆接口等刚性接口,不宜在湿陷性黄土地区采用。

四、检漏设施

检漏设施包括检漏管沟和检漏井。一旦管道漏水,水可沿管沟排至检漏井,以便及时发现并进行检修。

(一)检漏管沟

埋设管道敷设在检漏管沟中,是目前广泛采用的方法。检漏管沟一般做成有盖板的地沟,沟内应做防水,要求不透水。

对直径较小的管道,采用检漏管沟困难时,可采用套管,套管应采用金属管道或钢筋混凝土管。

检漏管沟的盖板不宜明设,若为明设时应在入口采取措施,防止地面水流入沟中。检漏管沟的沟底应坡向检查井或集水坑,坡度不应小于 0.005,并应与管道坡度一致,以保证在发生事故时水能自流到检漏井或集水坑。

检漏管沟截面尺寸的选择,应根据管道安装与维修的要求确定,一般检漏管沟宽不宜小于 600 mm,当管道多于两根以上时,应根据管道排列间距及安装检修要求确定管沟尺寸。

（二）检漏井

检漏井是与检漏管沟相连接的井室，用来检查给排水管道的事故漏水。

检漏井的设置，以能及时检查各管段的漏水为原则，应设置在管沟末端或管沟沿线分段检漏处，并应防止地面水流入，其位置应便于寻找识别、检漏和维护。检漏井应设有深度不小于 300 mm 的集水坑，可与检查井或阀门井共壁合建。但阀门井、检查井、消火栓井、水表井等均不得兼做检漏井。

第二节　地震区给排水系统

地震后，按受震地区地面影响和破坏的强度程度，地震烈度共分为12度，在6度及6度以下时，一般建筑物仅有轻微破坏，不致造成危害，可不设防；但是7度及以上时，一般建筑物将遭到破坏，造成危害，必须设防；10度及10度以上时，因毁坏太严重，设防费用太高或无法设防，只能结合工程情况做专门处理研究。我国仅对于7～9度地震区的建筑物编制了规范和标准，本书介绍的也仅为7～9度地震地区给排水工程一般设防要求。

一、地震防震的一般规定

根据地震工作以预防为主的方针，给排水的设施要求是：在地震发生后，其震害不致使人民生命和重要生产设备遭受危害；建筑物和构筑物不须修理，或经一般修理后仍能继续使用；对管网的震害控制在局部范围内，尽量避免造成次生灾害，并便于抢修和迅速恢复使用。

二、管道设计

（一）建筑外部管道设计要求

1. 线路的选择与布置

地震区给排水管道应尽量选择在良好的地基上，应尽量避免水平或竖向的急剧转弯；干管宜敷设成环状，并适当增设控制阀门，以便于分割供水和检查，如因实际需要，干管敷设成枝状时，宜增设连通管。

2. 管材选择

地震区给排水管材以选择延性较好或具较好柔性、抗震性能良好的管材，例如钢管、胶圈接口的铸铁管和胶圈接口的预应力钢筋混凝土管。埋地管道应尽量采用承插式铸铁管或预应力钢筋混凝土管；架空管道可采用钢管或承插式铸铁管；过河的倒虹管以及穿过铁路或其他交通干线的管道，应采用钢管，并在两端设阀门；敷设在可液化土地段的给水管道主干管，宜采用钢管，并在两端增设阀门。

3. 管道接口方式的选择

地震区给排水管道接口的选择是管道改善抗震性能的关键，采用柔性接口是管道抗震最有效的措施。柔性接口中，胶圈接口的抗震性能较好；胶圈石棉水泥或胶圈自应力水泥接口为半柔性接口，抗震性能一般；青铅接口由于允许变形量小，不能满足抗震要求，故不能作为抗震措施中的柔性接口。

阀门、消火栓两侧管道上应设柔性接口。埋地承插式管道的主要干支线的三通、四通、大于 45°弯头等附件与直线管段连接处应设柔性接口。埋地承插式管道当通过地基地质突变处，应设柔性接口。

4. 室外排水管网的设计要求

（1）地震区排水管道管线选择与布置应尽量选择良好的地基，宜分区布置，就近处理和分散出口。各个系统间或系统内的干线间，应适当设置连通管，以备下游管道被震坏时，作为临时排水之用。连通管不做坡度或稍有坡度，以壅水或机械提升的方法，排出被震坏的排水系统中的污废水，污水干道应设置事故排出口。

（2）设计烈度为 8 度、9 度，敷设在地下水位以下的排水管道，应采用钢筋混凝土管；在可液化土地段敷设的排水管道，应采用钢筋混凝土管，并设置柔性接口。圆形排水管应设管基，其接口应尽量采用钢丝网水泥抹带接口。

（二）建筑内部管道设计要求

1. 管材和接口

一般建筑物的给水系统采用镀锌钢管或焊接钢管，接口采用螺纹接口或焊接；排水系统采用排水铸铁管，石棉水泥接口。高层建筑的排水管道当采用排水铸铁管、石棉水泥接口时，管道与设备机器连接处须加柔性接口。

2. 管道布置

管道固定应尽量使用刚性托架或支架，避免使用吊架；各种管道最好不穿过抗震缝，而在抗震缝两边各成独立系统，管道必须穿抗震缝时，须在抗震缝的两边各装一个柔性接头；管道穿过内墙或楼板时，应设置套管，套管与管道间的缝隙，应填柔性耐火材料；管道通过建筑物的基础时，基础与管道间须留适当的空隙，并填塞柔性材料。

第三节　游泳池给排水系统

一、游泳池的类型与规格

游泳池的类型按使用性质可分为：比赛游泳池（含水球和花样游泳池）、训练游泳池、跳水游泳池、水上游乐池、儿童游泳池和幼儿戏水池；按经营方式可分为公用游泳池和商业游泳池；按建造方式可分为人工游泳池和天然游泳池；按有无屋盖可分为室内游泳池和露天游泳池等。

游泳池的长度一般为12.5m的倍数，宽度由泳道数量决定。每条泳道的宽度一般为2.0～2.5m，但中小学校用游泳池的泳道宽度可采用1.8m，边泳道的宽度应另增加0.25～0.50m。标准的比赛和训练游泳池其宽度一般为21m（8条泳道）或25m（10条泳道）。

二、游泳池的给水

（一）给水方式与给水系统的组成

1. 直流给水方式

即连续不断地向游泳池内供给新鲜水，同时又不断地从泄水口和溢流口排走被污染的水。该系统由给水管、配水管、阀门和给水口等部分组成。

为保证水质，每小时的补充水量应为池水容积的15%～20%，每天应清除池底和水面的污物，并用漂白粉或漂白精等进行消毒。

这种给水方式具有系统简单、投资较省、维护简便、运行费低等优点。在有充足清洁的水源（如温泉水、地热井水）时，应优先采用此种供水方式。当以市政自来水为水源时，给水系统中宜设平衡水池，以保持池内水位恒定，还应有空气隔断措施。

2. 定期换水给水方式

即每隔1～3d将池水放空再注入新鲜水。每天应清除池底和水面的污物，并投加漂白粉或漂白精等进行消毒。

这种给水方式虽具有系统简单、投资省、维护管理方便等优点，但池中水质不宜保证，卫生状况较差，且换水时要停止使用一定时间，故目前不推荐采用。

3. 循环给水方式

就是将污染了的池水按适当的流量抽出，经过专设的净化系统对其进行净化、消毒（和加热）处理，达到水质要求后，再送入游泳池重复使用。

这种给水方式是目前普遍采用的给水方式，具有节约用水、保证水质、运行费用低等优点。但系统较复杂、投资较大、维护管理不太方便。

该方式除管道、阀门等部分外，还须设置水泵和过滤、加药、消毒、加热（需要时）等设备。

其具体的循环方式为顺流式、逆流式和混合式三类。

（1）顺流式循环

全部循环水量从游泳池两端或两侧进水，由游泳池底部回水。这种方式配水较均匀，有利于防止水波形成涡流和死水区，目前国内普遍采用这种方式，但池底易沉积污物。

（2）逆流式循环

全部循环水量由池底均匀地进入，从游泳池周边的上缘溢流回水。这种方式配水均匀，池底不宜积污，能够及时去除池水表面污物。它是国际泳联推荐的方式，但基建投资费用较高，施工稍难一些。

（3）混合式循环

上述两种方式的组合，具体形式有：给水全部从池底进入，池表（不少于循环水量的50%）和池底（不超过循环水量的50%）同时回水；给水从两侧上部和下部进入，两端溢流回水加底部回水；给水由池底和两端下侧进入，从两侧溢流等多种。这种方式配水较均匀，池底积污较少，利于表面排污。

（二）水质与水量

1. 水质

世界级比赛用和有特殊要求的游泳池的池水水质卫生标准，应符合我国现行游泳池水质标准要求外，还应符合国际游泳协会（FINA）关于游泳池池水水质卫生标准的规定。国家级比赛用游泳池和宾馆内附建的游泳池池水水质卫生标准，可参照国际游泳协会（FINA）关于游泳池池水水质卫生标准的规定执行。其他游泳池和水上游乐池池水水质应符合我国的卫生标准。

2. 水量

（1）初次充水量

初次充水总量为游泳池的容积，其充水时的流量，游泳池不宜超过48h，水上游乐池不宜超过72h。

（2）补充水量

游泳池（含水上游乐池）的补充水量应根据游泳池的不同用途，同时应符合当地卫生防疫部门规定的全部池水更换一次所需时间要求。但直流式给水方式的游泳池，每小时的补充水量不得小于游泳池容积的15%。

大型游泳池和水上游乐池应采用平衡水池或补充水箱间接补水。家庭游泳池等小型游泳池当采用生活饮用水直接补水时，补充水管应采用有效的防止回流污染的措施。

（3）总用水量

初次充水（给水设施必须具备满足初次充水的供水能力）后，每天的总用水量应为补充水量与其他用水量之和。

（三）水质净化与消毒

1. 水质净化方式

游泳池水质净化的方式一般对应于其给水方式，常有溢流净化、换水净化和循环净化。

（1）溢流净化方式

就是连续不断地向池内供给符合标准的自流井水、温泉水或河水，将污染了的池水连续不断地排出，使池水在任何时候都保持符合游泳池水质卫生标准的要求。有条件时应优先采用这种方法。

（2）换水净化方式

就是将被污染的池水全部排出，再重新充入新鲜水的方式，这种方式不能保证稳定的卫生状况，有可能传染疾病，一般不再推荐这种方法。

（3）循环净化方式

就是将污染了的池水按一定的流量连续不断地送入处理设施，去除水中污物，投加消毒剂杀菌后，再送入游泳池使用，这是城镇较高标准游泳池常用的给水方式。

其净化环节有：

①预净化：为防止池水中较大固体杂质、毛发纤维、树叶等影响后续循环和处理设备的正常进行，在池水进入水泵和过滤器之前，将其去除。预净化设备由平衡水池和毛发聚集器组成。

②过滤：由于游泳池循环水浊度不高且水质稳定，一般可采用压力式接触过滤进行处理。

为了提高过滤效果，加快池水中微小悬浮污物颗粒的絮凝，促进过滤作用，在过滤前应通过药剂投加装置向循环水中投加混凝剂和助凝剂（一般为铝盐或铁盐药剂）。还应根据气候条件、池水水质、pH 等情况，投加除藻剂、水质平衡药剂。

2. 消毒

由于游泳池池水直接与人体接触，还有可能进入嘴内和腹中，如果不卫生，就可能会引起五官炎症、皮肤病和消化器官疾病等，严重时还可能会引起伤寒、霍乱、梅毒、淋病等的传染。游泳者虽然在入池前进行了洗浴，但难免带进一些细菌，更主要的是在游泳过程中会分泌、排泄、出汗和其他物质不断污染池水，故必须对游泳池和水上游乐池的池水进行严格的消毒杀菌处理。

对于消毒方法的确定：一方面要求杀菌能力强、效果好、在水中有持续的杀菌功能；不改变池水水质，不造成水和环境污染；对人体无刺激（或刺激性很小）；对建筑结构、设备和管道无腐蚀或轻微腐蚀。另一方面要求建设和维护费用较省，设备简单、运行安全可靠、操作管理方便。

游泳池常用氯化消毒法，其消毒剂有液氯、次氯酸钠、漂白粉和氯片（适用小型游泳池）等。该法具有消毒效果好、有持续消毒功能、投资较低的优点。但有气味，对眼与呼吸道有刺激作用，对池体、设备有腐蚀作用，对管理水平要求高，使用瓶装氯气消毒时，氯气必须采用负压自动投加方式，严禁将氯直接注入游泳池水中的投加方式。加氯间应设置防毒、防火和防爆装置，并应符合国家现行有关标准的规定。

臭氧和紫外线消毒有更强的杀菌能力，且具脱色去臭功能，对人体无刺激作用，但投资费用较高，在我国一般的游泳池中还没有普遍使用。

（四）水的加热

以温泉水或地热水为水源的游泳池，池水不须加热，露天游泳池一般也不进行加热。

室内游泳池如有完善的采暖空调设施，池水温度达到 25℃左右即可。如气温较低，池水温度宜保持在 27℃以上。

（五）附属装置和洗净设施

1. 附属装置

（1）进水口

进水口是给水管系的末端，是净水进入游泳池的入口。

进水口的布置应保证配水均匀和不产生涡流及死水域；进水口根据池水循环方式设在池底或池壁上，并应有格栅护板；进水口和格栅护板，一般应采用不锈钢、铜、大理石和工程塑料等不变形、耐久性能好的材料制造；池壁进水口的间距宜为 2～3 m，拐角处进水口距另一池壁不宜大于 1.5 m。进水口宜设在池水水面以下 0.5～1.0 m 处，以防余氯的过快损失。跳水池的进水口应为上下两层交叉布置；池底进水口应沿两泳道标志线中间均匀布置，间距宜为 3～5 m。

（2）回水口

回水口是循环水质净化方式中，回水管系的起点，被污染的池水从回水口进入并通过回水管道送入净化处理装置。

回水口设在池底（此时回水口可兼做泄水口）或溢流水槽内，池底回水口的位置应满足水流均匀和不产生短流的要求。

回水口的数量应满足循环流量的要求，设置位置应使游泳池内水流均匀、不产生涡流和短流，且应有格栅盖板，格栅盖板孔隙的流速不应大于 0.2 m/s。格栅盖板应采用耐腐蚀和不变形材料制造，且应与回水口有牢靠的固定措施。格栅开孔宽度或直径不得超过10 mm，儿童池不超过 8 mm，以保证游泳者的安全。回水管内的流速宜采用 0.7～1.0 m/s。格栅盖板孔隙的流速不应大于 0.2 m/s。

（3）其他

为了解决游泳者临时饮水和冲洗眼睛的问题。在游泳池的岸边适当位置应设置饮水器或饮水水嘴（一般不得少于 2 个）和洗眼水嘴。

2. 洗净设施

洗净设施是保证池水不被污染和防止疾病传播的不可缺少的组成部分。它包括浸脚消毒池、强制淋浴器和浸腰消毒池。

（1）洗净设施的流程形式有

①浸脚消毒→强制淋浴→浸腰消毒→游泳池岸边。

②浸脚消毒→浸腰消毒→强制淋浴→游泳池岸边。

（2）浸脚消毒池

其宽度应与游泳者出入通道相同，长度不得小于 2.0 m，有效深度应在 150 mm 以上。前后地面应以不小于 0.01 坡度坡向浸脚消毒池，池体与配管应为耐腐蚀、不透水材料，池底应有防滑措施。

消毒液的配制及供应。消毒液浓度：液氯为 50～100 mg/L，漂白粉为 200～400 mg/L。消毒液宜为流动式，使其不断更新。如为间断更换消毒液，其间隔时间宜为 2 h，不得超过 4 h。

（3）浸腰消毒池

设置的目的是对每一游泳者的腰部和下身进行消毒（浸腰消毒池目前在我国使用较少，但今后可能会有所发展），它的深度应保证腰部被消毒液全部淹没，一般成人要求溶液深度为 800～1000 mm；儿童为 400～600 mm。池体应为耐腐蚀、不透水材料，池底设防滑措施，两侧设扶手。浸腰消毒池的形式有：阶梯式和坡道式。

消毒液配制浓度。如设在强制淋浴之前时，液氯为 50～100 mg/L，漂白粉为200～400 mg/L；如设在强制淋浴之后时，液氯为 5～10 mg/L，漂白粉为 20～40 mg/L。

（4）强制淋浴

公共游泳池和水上游乐池一般应设强制淋浴设施，其作用是使游泳者入池之前洗净身体，并适应一下较低水温的刺激，防止入池后身体突然变冷发生事故（游泳之后亦可进行冲洗）。水温宜为 38℃～40℃，但夏季可以采用冷水。用水量按每人每场 50 L/（场·人）计算。

（六）给水管道的布置与敷设

游泳池给水管道的选材、布置与敷设的原则和方法，与建筑给水系统基本相同。

但游泳池具有自身的特点，布管时应当注意：给水管网的布置形式应结合游泳池的环境状况、给水方式予以综合考虑。室内游泳池一般宜在池身周围设置管廊，管廊高度不应小于1.8m，管道敷设在管廊内。室内小型游泳池和室外游泳池的管道也可以埋地敷设，埋地管道宜采用给水铸铁管且应有可靠的基础或支座。

采用市政自来水作为游泳池补充水时，其管道不得与游泳池和循环水管道直接连接，必须采取有效的防止倒流污染之措施。游泳池饮用水给水管道系统宜单独设置。

管道上的阀门应采用明杆闸阀或蝶阀。管道无须采取保温隔热措施。

循环水泵应靠近游泳池，并设计成自灌式，且应与平衡水池、净化设备和加热加药装置设在同一房间。

三、游泳池排水

（一）岸边清洗

游泳池岸边如有泥沙、污物，可能会被涌起的池水冲入池内而污染池水。为防止这种现象，池岸应装设冲洗水嘴，每天至少冲洗2次，这种冲洗水应流至排水沟。

（二）溢流与泄水

1. 溢流水槽

游泳池应设置池岸式溢流水槽，以用于排出各种原因而溢出游泳池的水体，避免溢出的水回流到池中，带入泥沙和其他杂物。

溢流水槽的槽沿应严格水平，以防溢水短流。槽内排水口间距一般为3 m，仅作为溢水用时，断面尺寸按不小于10%的循环流量确定，槽宽不得小于150 mm；如作为回水槽，则槽内排水管口按循环流量确定，但宽度不得小于250 mm；槽内纵向应有不小于i=0.01坡度坡向排水口；岸边溢水槽应设置格栅盖板，其材质参见回水口。

溢水管不得与污水管直接连接，且不得装设存水弯，以防污染及堵塞管道；溢水管宜采用铸铁管或钢管内涂环氧树脂漆以及其他新型管道。

2. 泄水口

用于排空游泳池中的水体，以便清洗、维修或者停用。

泄水口应与池底回水口合并设置在游泳池底的最低处；泄水口的数量一是满足不会产生负压造成对人体的伤害，二是按4h排空全部池水计算确定；泄水管亦按4h将全部池水泄空计算管径。

泄水方式应优先采用重力泄水，但应有防污水倒流污染的措施。重力泄水有困难时，采用压力泄水，可利用循环泵泄水。

泄水口的构造与回水口相同。

（三）排污与清洗

1. 排污

为保证游泳池的卫生要求，应在每天开放之前，将沉积在池底的污物予以清除。在开放期间，对于池中的漂浮物、悬浮物应随时清除。常有的排污方法有：

（1）漂浮物、悬浮物的清除方法

主要由游泳池的管理人员利用工具，采用人工拣、捞的方法予以清除。

（2）池底沉积物的清除方法

管道排污：循环回水、排污管道系统（或真空排污管道系统）设置在游泳池四周排水沟内或池壁上，管道每隔一段距离设置带有阀门的管道接口。排污时，将排污器的排污软管与接口相连，开启循环回水泵，移动排污器使池底积污被抽吸排出。此法排污较彻底，节省人力，但设备、管道系统较复杂，须占较多的建筑面积，投资较高，适用于城市中较豪华、设施完善的游泳池。

移动式潜污泵法：将潜污泵及与之相连的排污器和部分排污软管置入池底，缓慢地推拉移动，开启潜污泵将污物抽吸排出。此法排污较快，但移动潜污泵和排污器时稍显笨重。

虹吸排污法：排污器的排水管口置于较低位置，利用水力作用或真空泵引水造成虹吸，将污物吸出。此方法节省电能，但耗水量大（每次约达池积的5%），且排污不太彻底。

人工排污法：用擦板刷或压力水等将池底污物缓慢推至泄水口（或回水口），然后打开泄水阀或循环水泵将之排出，此法设备简单，但劳动强度大，耗用时间长，如操作过急易扰动积污混于水中，影响排污效果。

后三种排污法一般适用于较简易的游泳池。

排污时排出的废水，可直接排放，也可经过过滤处理后回用。

2. 清洗

游泳池换水时，应对池底和池壁进行彻底刷洗，不得残留任何污物，必要时应用氯液刷洗杀菌。一般采用棕板刷刷洗和压力水冲洗。

四、游泳池辅助设施的给水排水

游泳池应配套设置更衣室、厕所、泳后淋浴设施、休息室及器材库等辅助设施。这些设施的给水排水与建筑给水排水相同。

第四节　水景区给排水系统

一、水景工程的作用与构成

（一）水景工程的作用

利用水景工程制造水景（亦称喷泉），我国在 18 世纪中期已开始兴建。形状各异、多姿多彩的水景，在现代城镇建设中日益增多，几乎成了城市中不可缺少的景观。现代电子技术的发展，赋予了水景以新的活力，它与灯光、绿化、雕塑和音乐之间的巧妙配合，构成了一幅五彩缤纷、华丽壮观的美景，给人们带来了清新的环境和诗情画意般的遐想，赢得了人们的广泛喜爱。因此，水景已经成为城镇规划、旅游建筑、园林景点和大型公共建筑设计中极为重要的内容之一。

水景除了美化环境的功能之外，还具有湿润和净化空气、改善小范围气候的作用。水景工程中的水池可兼做冷却水池、消防水池、浇洒绿地用水的贮水池或作为娱乐游泳池和养鱼池等。

（二）水景工程的构成

1. 土建部分。即水泵房、水景水池、管沟、泄水井和阀门井等。
2. 管道系统。即给水管道、排水管道。
3. 造景工艺器材与设备。即配水器、各种喷头、照明灯具和水泵等。
4. 控制装置。即阀门、电气自动控制设备和音控设备等。

二、水景的造型、基本形式和控制方式

（一）水景的造型

1. 池水式的水景造型

以静取胜的镜池，水面宽阔而平静，可将水榭、山石、树木和花草等映入水中形成倒影，可增加景物的层次和美感。

以动取胜的浪池，既可以制成鳞纹细波，也可制成惊涛骇浪，它具有动感和趣味性，还能加强池水的充氧效果，防止水质腐败。

2. 漫流式的水景造型

灵活巧妙利用地形地物，将溪流、漫流和叠流等有机地配合应用，使山石、亭台、小桥、花木等恰当地穿插其间，使水流平跃曲直、时隐时现、水流淙淙、水花闪烁、欢快活泼、变化多端。

3. 叠水式的水景造型

利用峭壁高坎或假山，构成飞流瀑布、雪浪翻滚、洪流跌落、水雾腾涌的壮景或凌空飘垂的水幕，让人感到气势宏大。

4. 孔流造型

孔流的水柱纤细透明、轻盈妩媚，别具一格，活泼可爱。

5. 喷水式的水景造型

喷水式是借助水压和多种形式的喷头所构成，具有更广阔的创作天地。

（1）射流水柱造型

射流水柱可喷得高低远近不同，喷射角度也可任意设置和调节，可有高达几十米的雄壮之美，也可是弯曲婉约的柔动之美。它是水景工程中最常用的造景手段。

（2）膜状水流造型

膜状水流新颖奇特、噪声低、充氧强，但易受风的干扰。宜在室内和风速较小的地方采用。

（3）气水混合水柱

这种造型水柱较粗，颜色雪白，形状浑厚壮观，但噪声和能耗较大。也是水景工程常用的形态。

（4）水雾

水雾是将少量的水喷洒到很大的范围内，形成水汽腾腾、云雾朦朦的景象，配以阳光或白炽灯的照射，还可呈现彩虹映空的美景。其他水流辅以水雾烘托，水景的效果和气氛更为强烈。

6. 涌水式的水景造型

大流量的涌水犹如趵突泉，涌水水面的高度虽不高，但粗壮稳健，气势宏大，激起的粼粼波纹向四周散扩，赏心悦目。

小流量的涌水可从清澈的池底冒出串串闪亮的气泡，如似珍珠颗颗（故称珍珠泉）。池底玉珠进涌，水面粼波细碎，给人以幽静之感。

7. 组合式水景造型

常见的大中型水景工程，是将各种水流形态组合搭配，其造型变幻万千，无穷无尽。组合式的水景将各种喷头恰当搭配编组，按一定程序依次喷水。若辅以彩灯变换照射，就构成程控彩色喷泉。若再利用音乐声响控制其喷水的高低、角度变化，就构成彩色音乐喷泉。

（二）水景工程的基本形式

水景工程可根据环境、规模、功能要求和艺术效果，灵活地设置成多种形式。

1. 固定式

大中型水景工程一般都是将构成水景工程的主要组成部分固定设置，不能随意移动，常见的有河湖式、水池式、浅碟式和楼板式等。

2. 半移动式

半移动式是指水景工程中的土建部分固定不变，而其他主要设备（如潜水泵、部分管道、配水器、喷头和水下灯具等）可以移动。通常是将主要设备组装在一起或搭配成若干套路，再按一定的程序控制各套的开停，实现常变常新的水景效果。

3. 全移动式

全移动式就是将包括水池在内的所有水景设备，全部组合并固定在一起，可以整体任意搬动，这种形式的水景设施能够定型生产制作成成套设备，可以放置在大厅、庭园内，更小型的可摆在橱窗内、柜台上或桌子上。

（三）水景工程的控制方式

为了改善和增强水景变幻莫测、丰富多彩的观赏效果，就须使水景的水流姿态、光亮照度、色彩变异随着音乐的旋律、节奏和声响的强弱而产生协调同步变化。这就要求采取较复杂的控制技术与措施。目前常用的控制方式有以下几种。

1. 手动控制

把水景设备分成若干组或只设定为一组，分别设置控制阀门（或专用水泵），根据需要可开启一组、几组或全部，将水景姿态调节满意之后就不再变换

2. 电动程控

将水景设备（喷头、灯具、阀门、水泵等）按水景造型进行分组，每组分别设置专控电动阀、电磁阀或气动阀，利用时间继电器或可编程序控制器，按照预先输入的程序，使各组设备依编组循环运行，去实现变化多端的水景造形。

3. 声响控制

在各组喷头的给水干管上设置电动调节阀（或气动调节阀）以及在照明电路中设置电动开关，并在适当位置设置声波转换器，将声响频率、振幅转换成电信号，去控制电动调节阀的开启、开启数量与开启程度等，从而实现水景姿态的变换。

声响控制的具体方式有：人声直接控制方式、录音音乐控制方式、直接音乐音响控制方式、间接音响控制方式和混合控制方式等。

三、水景给水水量和水质

（一）水量

1. 初次充水量

充水量应视水景池的容积大小而定。充水时间一般按 24 ～ 48 h 考虑。

2. 循环水量

循环水量应等于各种喷头喷水量的总和。

3. 补充水量

水景工程在运行过程中，由于风吹、蒸发以及溢流、排污和渗漏等因素，要消耗一定的水量，也称水量损失。对于水量损失，一般按循环流量或水池容积的百分数计算。

（二）水质

1. 对于兼做人们娱乐游泳、儿童戏水的水景水池，其初次充水和补充给水的水质应符合生活饮用水卫生标准的规定（当采用生活饮用水作为补充水时，水管上应设置用水计量装置，应有防止回流污染的措施）。

2. 对于不与人体直接接触的水景水池，定期补给水可使用生活饮用水，也可根据条件使用生产用水或清洁的天然水。

四、造景工艺主要器材与设备

（一）喷头

喷头是制造人工水景的重要部件。它应当能耗低、噪声小、外形美，在长期运行环境中不锈蚀、不变形、不老化。制作材质一般是铜、不锈钢、铝合金等，少数也有用陶瓷、玻璃和塑料等制成的。根据造景需要，它的形式很多，常用的有以下几种。

1. 直流式喷头

它的构造简单，在相同水压下，可喷出较高较远的水柱。

2. 吸气（水）式喷头

它是利用喷嘴射流形成的负压，使水柱掺入大量的气泡，喷出冰塔形态的水柱。

3. 水雾喷头

水雾喷头有旋流式和碰撞式等，是制造水雾形态的喷头。

4. 隙式喷头

隙式喷头有缝隙式和环隙式等，是能够喷平面、曲面和环状水膜的喷头。

5. 折射式喷头

它是使水流在喷嘴外经折射形成水膜的喷头。

6. 回转型喷头

它是利用喷嘴喷出的压力水的反作用（或利用其他动力带动回转），使喷头不停地旋转运动，形成动感的喷水造型。

除上述几种喷头外，还有多孔型喷头、组合式喷头、喷花型喷头等几十种喷头。

（二）水泵

固定式水景工程常选用卧式或立式离心泵和管道泵。

半移动式水景工程宜采用潜水泵。最好是采用卧式潜水泵，如用立式潜水泵，则应注意满足吸水口要求的最小淹没深度。

移动式水景工程，因循环的流量小，常采用微形泵和管道泵。

（三）控制阀门

对于电控和声控的水景工程，水流控制阀门是关键装置之一，对它的基本要求是能够适时、准确地控制（准时地开关和达到一定的开启程度），保证水流形态的变化与电控信号和声频信号同步，并保证长时间反复动作不失误，不发生故障。选择电动阀门时要求开启程度与通过的流量成线性关系为好。采用电磁阀控制水流，一般只有开关两个动作，不能通过开启程度不同去调节流量，故只适用于电控方式而不适用于声控方式。

（四）照射灯具

水景工程的彩光装饰有陆地照射和水下照射两种方式。

对于反射效果较好的水流形态（如冰塔、冰柱等夹气水流），采用陆上彩色探照灯照明，照度较强，着色效果良好，并且易于安装、控制和检修，但应注意避免灯光直接照射到观赏者的眼睛。

对于透明水流形态（如射流、水膜等）宜采用水下照明。常用的水下照射灯具有白炽灯和气体放电灯。白炽灯可聚光照射，也可散光照射，它灯光明亮，启动速度快，适合自动控制与频繁启动，但在相同照度下耗电较多；气体放电灯耗电少，发热量小（也可在陆上使用），但有些产品启动时间长，不适合频繁启动。

五、水景水池构造

（一）平面尺寸

水池平面形状可以是多种多样，平面尺寸首先应满足喷头、池内管道、水泵、进水口、溢流口、泄水口、吸水坑等布置要求，同时应保证在设计风速下水滴不致被大量吹出池外。

设计时，还应保证回落到水面的水滴不会大量溅至池外。故水池的平面尺寸边沿应比计算值再加大 0.5～1.0 m。

（二）水池的深度

水深应按设备、管道的布置要求确定，一般采用 0.4～0.6 m，水池的超高一般采用 0.2～0.3 m。如设有潜水泵时，应保证吸水口的淹没深度不小于 0.5 m；如在池内设有水泵吸水口时，应保证吸水的淹没深度不少于 0.5 m（可设置集水坑或加拦板以减少水池深度）。

浅碟式集水，最小深度不宜小于 0.1 m。

（三）溢水口

溢水口有堰口式、漏斗式、管口式、连通式等，可依据具体情况选择。大型水池可均匀设置若干个溢水口，溢水口的设置不应影响美观，要便于集污和疏通，溢流口处应设格栅和格网

（四）泄水口

为便于水池的清洗、检修和防止停用时水质变坏或结冰，须设泄水口。一般应尽量采用重力泄水，如不可能时，可利用水泵的吸水口兼做泄水口，利用水泵泄水池底应有不小于 0.01 的坡度坡向泄水口，泄水口上应设格栅或格网。

（五）水池的结构

小型和临时性水景水池可采用砖结构，但要做素混凝土基础，用防水砂浆砌筑和抹面。对于大型水景水池，常用钢筋混凝土结构，如设有伸缩缝和沉降缝，这些构造缝应设止水带或用柔性防漏材料堵塞。水池底和壁面穿越管道处、水池与管沟或水泵房等连接处都应进行防漏处理。

六、给水排水管道布置

（一）池外管道

水景工程水池之外的给水排水管道布置，应视水池、水源、泵房、排水管网入口位置以及周边环境确定。由于管道较多，一般在水池周围和水池与泵房之间设专用管廊或管沟，以便维护检修。当管道很多时，可设通行或半通行管廊（沟）。管廊（沟）地面应有不小于 0.005 的坡度坡向水泵或集水坑。集水坑内宜设水位信号装置，以便及时发现漏水

现象。管廊（沟）的结构要求与水池相近。

（二）池内管道

大型水景工程的管道可布置在专用管廊（沟）内。一般水景工程的管道可直接设在池内，放置在池底上。小型水池也可埋入池底。为保持每个喷头水压基本一致，宜采用环状配管或对称配管。配水管道的接头应严密平滑，变径处应采用渐缩异径管，转弯处应采用曲率半径大的光滑弯头，以尽量减小水头损失，水力坡度一般采用 $5 \sim 10$ mm H_2O/m。

（三）其他

每个喷头前宜设阀门以便调节，每组喷头前也应设调节阀，其阀口应设在能看到射流的泵房或附近控制室内的配水干管上。对于高远射程的喷头，喷头前应尽量保证有较长（20倍喷嘴口径）的直线管段或加设整流器。

循环加压泵房应靠近水池，以减少管道的长度。

若用生活饮用水作为补充水源时，应采取防止回流污染措施，如设置补水池（箱）并保持一定的空气隔断间隙等。

第六章　建筑消防给水系统

第一节　建筑消防基础

一、火灾与灭火

火是以释放热量并伴有烟或火焰或两者兼有为特征的燃烧现象。火灾是在时间或空间上失去控制的燃烧所造成的灾害。

火灾毁坏财产、危害人的生命安全，易造成巨大的财产损失。根据可燃物的类型和燃烧特性，将火灾定义为 A 类、B 类、C 类、D 类、E 类、F 类。

A 类火灾：是固体物质火灾。这种物质往往具有有机物性质，一般在燃烧时能产生灼热的余烬，如木材、棉、毛、麻、纸张等引起的火灾。

B 类火灾：是指液体火灾和可熔化的固体物质火灾，如汽油、原油、甲醇、乙醇、沥青、石蜡等引起的火灾。

C 类火灾：是指气体火灾，如煤气、天然气、甲烷、氢等引起的火灾。

D 类火灾：是指金属火灾，如钾、钠、铝、镁合金等引起的火灾。

E 类火灾：是指带电火灾，即物体带电燃烧的火灾。

F 类火灾：是指烹饪器具内的烹饪物（如动植物油脂）火灾。

随着社会和经济的发展，现代科学技术被广泛应用，带电火灾越来越普遍，引起了人们的普遍重视，目前我国部分消防技术规范对此类火灾的控制和扑灭做了相应的要求。

生产安全事故等级标准：特别重大、重大、较大和一般火灾的等级标准分别为：

特别重大火灾是指造成 30 人以上死亡，或者 100 人以上重伤，或者 1 亿元以上直接财产损失的火灾；

重大火灾是指造成 10 人以上 30 人以下死亡，或者 50 人以上 100 人以下重伤，或者 5 000 万元以上 1 亿元以下直接财产损失的火灾；

较大火灾是指造成 3 人以上 10 人以下死亡，或者 10 人以上 50 人以下重伤，或者 1 000 万元以上 5 000 万元以下直接财产损失的火灾；

一般火灾是指造成 3 人以下死亡，或者 10 人以下重伤，或者 1 000 万元以下直接财产损失的火灾。注："以上"包括本数，"以下"不包括本数。

燃烧有以下三个条件。

第一是有可燃物。凡是能与空气中的氧或其他氧化剂起燃烧化学反应的物质称为可燃物。如木材、纸张、汽油、乙炔、金属钠和钾等。

第二是有助燃物。助燃物是指能帮助和支持可燃物燃烧的物质，即能与可燃物发生氧化反应的物质，又称为氧化剂，如氧气、氯气、溴氯酸钾、高锰酸钾、过氧化钠等。

第三是有足够高的温度（引火源）。足够高的温度是供给可燃物与氧或助燃剂发生燃烧反应的能量来源，如明火火焰、赤热体、火星及电火花等。

在某些情况下，虽然具备了燃烧的三个必要条件，也不一定能够发生燃烧。只有当可燃物的含量达到一定程度，并提供充足的氧气，才能使燃烧发生并持续。因此，可燃物的含量和最低含氧量是发生燃烧的充分条件。

失去控制的燃烧会演变为火灾，灭火的技术关键就是破坏维持燃烧所需的条件、破坏燃烧的进程。灭火的方法可归为冷却灭火法、隔离灭火法、窒息灭火法和化学抑制灭火法。前三种灭火方法是通过物理过程灭火，后一种方法是通过化学过程灭火。火灾都是通过运用这四种方法的一种或综合运用其中几种来扑救的。

冷却灭火法是将灭火剂直接喷射到燃烧物上，通过增加散热量，降低燃烧物温度于燃点以下，使燃烧停止；或者将灭火剂喷洒在火源附近的物体上，使其不受火焰辐射热的威胁，避免形成新的火点。冷却灭火法是灭火的一种主要方法，常用水和二氧化碳作为灭火剂冷却降温灭火。灭火剂在灭火过程中不参与燃烧过程中的化学反应。

隔离灭火法就是将火源处或其周围的可燃物质隔离或移开，燃烧会因缺少可燃物而停止。例如：将火源附近的可燃、易燃、易爆和助燃物品搬走；关闭可燃气体、液体管路的阀门，以减少和阻止可燃物质进入燃烧区；设法阻拦流散的液体；拆除与火源毗连的易燃建筑物；设置防火通道等。

窒息灭火法是阻止空气流入燃烧区或用不燃物质冲淡空气，使燃烧物得不到足够的氧气而熄灭的灭火方法。常见的窒息灭火方法如下：

1. 用沙土、水泥、湿麻袋、湿棉被等不燃或难燃物质覆盖燃烧物。

2. 喷洒雾状水、干粉、泡沫等灭火剂覆盖燃烧物。

3. 用水蒸气或氮气、二氧化碳等惰性气体灌注发生火灾的容器、设备。

4. 密闭起火建筑、设备和孔洞。

5. 把不燃的气体或不燃液体喷洒到燃烧物区域内或燃烧物上。

化学抑制灭火法也称化学中断法，就是使灭火剂参与到燃烧反应历程中，使燃烧过程中产生的游离基消失，而形成稳定分子或低活性游离基，使燃烧反应停止，如采用干粉扑灭气体火灾。化学抑制灭火法适合扑灭有焰明火火灾，对深部火灾，渗透性较差，应尽可能与水、泡沫等灭火剂联合使用。

二、建筑消防给水系统概述

满足层数较多的民用建筑、大型公共建筑及某些生产车间的消防设备用水的室内给水系统，称为建筑消防给水系统。

建筑消防给水系统是建筑内部最为常见的灭火系统。

建筑消防用水必须按建筑防火规范要求，保证有足够的水量和水压。消防给水系统的水源应无污染、无腐蚀、无悬浮物，水的pH值应为6.0～9.0。给水水源的水不应堵塞消火栓、报警阀、喷头等消防设施，即不应影响其运行。通常，建筑消防给水系统的水质基本上要达到生活水质的要求，消防水源的水量应充足、可靠。

三、消防给水管道的布置、敷设、防腐与涂色识别

（一）消防给水管道的布置

管道设计应统筹规划，做到安全可靠、经济合理、不影响生产安全和建筑物使用、满足施工和维修等方面的要求，并力求整齐美观；为了减少管道的转输流量，节约管材，减少水压损失，主干管应尽可能靠近用水量大的用户；管道尽可能与墙、梁、柱平行，呈直线走向，力求管路简短，以减少工程量，降低造价；消防给水管道也不应穿越配电房、电梯机房、通信机房、大中小计算机房、计算机网络中心、音像库房等遇水会损毁设备和引发事故的房间，并避免在生产设备上方通过。消防管道在设计时应着眼于保证供水安全可靠、保护管道不受损坏，不应妨碍设备、机泵及其内部构件的安装与检修及消防车辆的通行；在管架、管墩上布置管道时，宜使管架或管墩所受的垂直荷载、水平荷载均衡。

（二）消防给水管道的敷设

消防给水管道不宜穿过建筑的伸缩缝、沉降缝和变形缝，如必须穿过，应采取相关措施。消防给水管道不应穿过防火墙或防爆墙。当管道在空中敷设时，必须采用固定措施，以保证施工方便和供水安全。管道穿过建筑物的楼板、屋顶或墙面时，应加套管，套管与管道间的空隙应密封。管道上的焊缝不应在套管内，且距离套管端部不应小于150 mm。套管应高出楼板、屋顶面50 mm。此外，消防给水管道布置还应使管道系统具有必要的柔性，保证管道对设备、机泵管口作用力和力矩不超出允许值。

（三）消防给水管道的防腐与涂色识别

1. 消防给水管道的防腐

（1）采用抗腐蚀管材，如铜管、合金管、塑料管、复合管等。

（2）在金属管表面涂油漆、水泥砂浆、沥青等，以防止金属与水相接触而产生腐蚀。

（3）阴极保护。

2. 消防给水管道的涂色识别

（1）全部管道涂刷红色。

（2）在管道上涂刷宽度为 100 mm 的红色环。

（3）在管道上用红色胶带缠绕宽度为 100 mm 的红色环。

第二节　消火栓系统及其给水管网

一、消火栓系统的分类与组成

（一）消火栓系统的分类

1. 按服务范围分类

消火栓系统按服务范围可分为市政消火栓系统、小区室外消火栓系统和建筑室内消火栓系统。

2. 按加压方式分类

消火栓系统按加压方式可分为常高压消火栓系统、临时高压消火栓系统和低压消火栓系统。

3. 按是否与生活、生产合用分类

消火栓系统按是否与生活、生产合用可分为合用的消火栓系统和独立的消火栓系统。

（二）消火栓系统的组成

1. 消防水源。

2. 取水设施。

3. 消防贮水池和高位消防水箱。

4. 输配水设施。

5. 消防用水设备。

二、室外消防给水管网

（一）室外消防给水管网的类型

室外消防给水管网按消防水压要求可分为高压消防给水管网、临时高压消防给水管网和低压消防给水管网三种类型；按管网平面布置形式可分为环状消防给水管网和枝状消防给水管网；按用途不同可分为合用的消防给水管网和独立的消防给水管网。

（二）室外消防给水管网管径的确定

1. 管段设计流量的确定

对于合用的消防给水管网，设计流量可采用下列两种方法确定。

第一种方法：按生产、生活最高日最大时用水量加上消防用水量的最大秒流量确定。采用这种方法选择出来的管径较大，对消防用水安全及今后管网的发展也较为有利。

第二种方法：按生活、生产最高日最大时用水量确定。采用这种方法选择的管径较小、较经济，但要进行消防校核。在灭火时会影响生产用水，甚至会引起生产事故的情况下，不宜采用此种方法确定管径。

对于独立的消防给水管网，其设计流量应按消防用水量最大秒流量确定，并适当留有余地，以满足扑救较大火灾的需要。

2. 管段流速的确定

管段流速应根据消防给水系统的具体情况确定，对于生活、生产、消防栓合用给水管网，为使系统运行较经济，其水流速度宜按当地的经济流速确定。对于独立的消防给水管网，为了防止管网因水锤作用出现爆管，管网内的最大流速不宜大于 2.5 m/s。

（三）室外消防给水管网的设置要求

1. 城市市政或室外消防给水管网应布置成环状。

2. 向环状管网输水的进水管不应少于 2 条，当其中 1 条发生故障时，其余的进水管应能满足消防用水总量要求。

3. 环状管道应采用阀门分成若干独立段。

4. 室外消防给水管道的直径不应小于 100 mm，若有条件，最好不小于 150 mm，以保证火灾发生时能提供最低的消防用水量。

5. 室外消防给水管网设置的其他要求应符合现行国家标准的有关规定。

三、室外消防用水量和水压

（一）室外消防用水量

1. 民用建筑一次灭火的室外消火栓用水量与建筑物的体积、耐火等级和生产类别有关。

2. 一个单位内设有泡沫灭火设备、带架水枪、自动喷水灭火系统及其他室外消防用水设备时，其室外消防用水量应按上述同时使用的设备所需的全部消防用水量加上规定的室外消火栓用水量的 50% 确定，且不应小于规定值。

（二）室外消防用水水压和流量

1. 室外低压消火栓的压力和流量

（1）室外低压消火栓的压力

室外低压消火栓的出口压力，应按照 1 条水带给消防车水罐灌水考虑，要保证 2 支水枪的流量。通过计算可知，最不利点室外消火栓的出口压力从室外设计地面算起，不应小于 0.1 MPa。

（2）室外低压消火栓的流量

室外低压消火栓一般只供 1 辆消防车用水，常出 2 支口径为 19 mm 的直流水枪，当火场需要水枪的充实水柱长度为 10～15 m，则考虑每支水枪的流量为 5～6.5 L/s，2 支水枪的流量为 10～13 L/s，考虑到水带及接口的漏水量，每个低压消火栓的流量按 10～15 L/s 计。

2. 室外高压或临时高压消火栓的压力和流量

（1）室外高压或临时高压消火栓的压力

室外高压或临时高压消火栓的出口压力，在最大用水量时，应满足喷嘴口径为 19 mm 的水枪布置在任何建筑的最高处时，每支水枪的计算流量不应小于 5 L/s，其充实水柱长度不应小于 10 m，采用直径 65 mm、长 20 m 的水带供水时的要求。

（2）室外高压或临时高压消火栓的流量

室外高压或临时高压消火栓一般按出 1 支口径 65 mm 的直流水枪考虑，水枪充实水柱为 10～15 m，因此要求每个高压消火栓的流量不小于 5 L/s。

四、室内消火栓系统的类型

（一）按建筑高度分类

1. 单层或多层建筑消火栓系统

9 层及 9 层以下的住宅（包括底层设置商业服务网点的住宅），建筑高度不超过 24 m 的其他民用建筑、厂房和库房，以及建筑高度超过 27 m 的单层公共建筑、工业建筑，属于单层或多层建筑。

设置在单层或多层建筑内的消火栓系统称为单层或多层建筑消火栓系统。

该类建筑发生火灾时，用消防车从室外水源抽水，接出水带和水枪，就能直接、有效地进行扑救，因此，单层或多层建筑消火栓系统主要用于扑救建筑物初期火灾。

2. 高层建筑消火栓系统

10 层及 10 层以上的住宅（包括首层设置商业服务网点的住宅），建筑高度超过 27 m、2 层及 2 层以上的其他民用、工业建筑，属于高层建筑。

设置在高层建筑内的消火栓系统称为高层建筑消火栓系统。

（二）按用途分类

1. 独立的高压或临时高压消火栓系统

独立的高压或临时高压消火栓系统是指每幢建筑物独立设置贮水池、水泵和水箱的高压或临时高压消火栓系统。该系统供水安全可靠，但投资大，管理分散。因此该系统仅在重要的高层建筑及地震区、人防要求较高的建筑中使用。

2. 区域集中的高压或临时高压消火栓系统

区域集中的高压或临时高压消火栓系统是指数幢或数十幢建筑共用一个加压水泵房的高压或临时高压消火栓系统。该系统管理集中、投资省，但在地震区安全系数低。因此，在有合理规划的建筑小区宜采用这种系统。

（三）按管网布置形式分类

1. 枝状管网消火栓系统

管网在平面上或立面上布置成树枝状的消火栓系统称为枝状管网消火栓系统。其特点是水流从消防水源地向灭火设备单一方向流动，当某管段检修或损坏时，其后方无水，造成火场供水中断。因此，应该限制枝状管网消防系统的使用。

2. 环状管网消火栓系统

环状管网消火栓系统较枝状管网消火栓系统工作可靠性明显提高。除非特殊情况，应该推广使用环状管网消火栓系统。

五、室内消火栓设备及设置要求

（一）室内消火栓设备—室内消火栓箱

室内消火栓箱由室内消火栓、水带和水枪组成。

（二）室内消火栓的保护半径

消火栓的保护半径是指某种特定规格的消火栓、水枪和一定长度的水带配套后，考虑消防人员使用此设备时有一定的安全保障，以消火栓为圆心，确定下来的能让消火栓可以充分发挥作用的水平距离。

$$R_f = fL_d + L_k$$

式中，　R_f—消火栓的保护半径，m；

f—水龙带的折减系数，多取 0.8；

L_d—水龙带的长度，m；

L_k—水枪的充实水柱长度，m，对于层高不大于 3.5 m 的建筑，取 3 m，对于层高大于 3.5 m 的建筑，按层高（m）×cos45°确定。

（三）室内消火栓的布置原则、布置间距、设置要求及室内消防管道的设置要求

1. 室内消火栓布置原则

应保证同层相邻 2 个消火栓的水枪充实水柱同时到达室内任何部位；建筑高度不大于 24 m，且体积不大于 5 000 m3 的库房，可采用 1 个消火栓的水枪充实水柱到达室内任何部位。

2. 室内消火栓的布置间距

室内消火栓间距应通过计算确定；高层厂房（仓库）、高架仓库和甲类厂房、乙类厂房中室内消火栓间距不应大于 30 m；其他单层和多层建筑中室内消火栓间距不应大于 50 m。

（1）一股水枪充实水柱到达室内任何部位，此时消火栓的布置间距为

$$L_i \leqslant 2\sqrt{R_f^2 - b_f^2}$$

式中，L_f—一股水柱时消火栓的间距，m；

R_f—消火栓的保护半径，m；

b_f—消火栓的最大保护宽度，m，在外廊式建筑中指建筑宽度，在内廊式建筑中为走道两侧中最大一边宽度。

（2）两股水枪充实水柱同时到达室内任何部位，此时消火栓的间距为

$$L_f \leqslant \sqrt{R_f^2 - b_f^2}$$

（3）一股水枪充实水柱到达室内任何部位且消火栓呈多排布置，此时消火栓的间距为

$$L_f = 1.4R_f$$

（4）两股水枪充实水柱同时达到室内任何部位且呈多排布置。

3. 室内消火栓的设置要求

（1）除无可燃物的设备层外，设置室内消火栓的建筑物，其各层均应设置消火栓。

（2）消防电梯前室应设置消火栓。

（3）室内消火栓应设置在位置明显且易于操作的部位。

（4）冷库内的消火栓应设置在常温穿堂或楼梯间内。

（5）室内消火栓的布置应保证每个防火分区同层有两支水枪的充实水柱同时达到室内任何部位。

（6）室内消火栓栓口处的出水压力大于 0.5 MPa时，应设减压设施；静水压力大于1.2 MPa 时，应采用分区给水系统。

4. 室内消防管道的设置要求

（1）室内消防给水系统应与生活、生产给水系统分开，独立设置。

（2）高层建筑室内消防给水管道应布置成环状，确保供水干管和每条竖管都能做到双向供水；单层或多层建筑室内消火栓超过 10 个且室外消防用水量大于 15 L/s 时，其消防给水管道应连成环状。

（3）室内消防给水环状管网的进水管和区域高压或临时高压给水系统的引入管不应少于 2 根，当其中 1 根发生故障时，其余进水管或引入管应能保证消防用水量和水压。

（4）高层消防竖管的布置，应保证同层相邻两个消火栓的水枪充实水柱同时达到被保护范围内的任何部位。

（5）18 层及 18 层以下的单元式住宅，18 层及 18 层以下、每层不超过 8 户、建筑面积不超过 650 m2 的塔式住宅，当设 2 条消防竖管有困难时，可设 1 条竖管，但必须采用双阀双出口型消火栓。

（6）室内消火栓系统应与自动喷水灭火系统分开设置，有困难时，可合用消防水泵，但在自动喷水灭火系统的报警阀前必须分开。

（7）高层建筑室内消防给水管道应采用阀门分成若干独立段。

（8）高层厂房（仓库）、设置室内消火栓且层数超过 4 层的厂房（仓库）、设置室内消火栓且层数超过 5 层的公共建筑，其室内消火栓系统应设置水泵接合器。

（9）严寒和寒冷地区非采暖的厂房（仓库）及其他建筑的室内消火栓系统，可采用干式系统。

六、室内消火栓系统的设计与计算

（一）消防水压的确定

1. 扑救不同建筑物火灾对水枪充实水柱的要求

消火栓通过水枪射流灭火，水枪射流灭火需要有一定强度的密实水流才能有效地扑灭火灾。一般，水枪射流中在 26 ～ 28 mm 直径圆断面内，包含全部射流水量75% ～ 90% 的密实水柱长度称为充实水柱长度。

根据消防实践：当水枪充实水柱长度小于 7 m 时，火场的辐射热会使消防人员无法接近着火点；当水枪充实水柱长度大于 15 m 时，会因射流的反作用力太大而使消防人员无法把握住水枪灭火。

2. 水枪充实水柱长度的确定

$$H_m = \frac{H}{\sin \alpha}$$

式中，H_m—水枪的充实水柱长度，m；

H—建筑层高，m；

α—水枪的上倾角，一般取 45°。

3. 理想的射流高度（不考虑空气对射流的阻力）为

$$H_q = \frac{v^2}{2g}$$

式中，H_q—水枪喷嘴处的压力，m；

v—水流在喷嘴口处的流速，m/s；

g—重力加速度，m/s2。

水枪喷嘴处的压力为

$$p_q = H_q r$$

式中，r—水的容重，kN/m3；

p_q—水枪喷嘴处的压力，kPa。

实际射流对空气的阻力（压头）为

$$\ddot{A}H = H_q - H_f = \frac{K}{d} \frac{v^2}{2g} H_f$$

式中，K—空气沿程阻力系数，是由实验确定的阻力系数；

H_f—水流垂直射流高度，m；

d—水枪喷嘴口径，m。

把式 $H_q = \frac{v^2}{2g}$ 代入上面的式子得

$$H_q - H_f = \frac{K}{d} H_q H_f$$

设 $\varphi = \dfrac{K}{d}$，则

$$H_{q} = \frac{H_{f}}{1 - \varphi H_{f}}$$

式中，　φ——与水枪喷嘴口径有关的实验数据，可按经验公式 $\varphi = \dfrac{0.25}{d + (0.1d)^{3}}$ 计算。

水枪充实水柱高度 H_{m} 与水流垂直射流高度 H_{f} 的关系由下面式子表示：

$$H_{f} = \alpha_{f} H_{m}$$

式中，　α_{f} 是与 H_{m} 有关的实验 $H_{q} = \dfrac{H_{f}}{1 - \varphi H_{f}}$ 数据，$\alpha_{f} = 1.19 + 80(0.01 H_{m})^{4}$。

将式 $H_{f} = \alpha_{f} H_{m}$ 代入式可得到水枪喷嘴处的压力与充实水柱的关系为

$$H_{q} = \frac{\alpha_{f} H_{m}}{1 - \varphi \alpha_{f} H_{m}}$$

（二）室内消火栓系统的设计计算要求

1. 消防给水管网管径的确定

（1）消防水管管径的确定

消防水管管径按最不利部位消防竖管所通过的设计流量和消火栓管道允许流速范围的中、低限值计算确定，高层建筑消防竖管管径不得小于 100 mm。消防竖管宜采用同一管径，且上、下管径不变。

（2）消防进水管和水平干管管径的确定

对于合用的消防给水管道，进水管和水平干管管径确定方法如下。

第一种：管道通过的流量按最大生产、生活和消防设计秒流量之和计算，流速按生产、生活管道允许流速选取。此法计算出的管径较大，对消防供水安全，但不经济。

第二种：管道通过的流量按最高日最大时生产和生活用水量计算，流速按生产、生活管道允许流速选取，所计算的管道管径较小，成本低，但灭火时影响生产用水。

（3）管道水头损失的计算

管道水头损失包括沿程水头损失和局部水头损失。

沿程水头损失应通过计算确定：

$$h_f = il$$

式中，h_f—管道沿程水头损失，m；

l—计算管路的长度，m；

i—单位长度管长的沿程水头损失，m/m，也称水力坡度，可由下式计算：

$$i = \frac{0.00107v^2}{d_j^{1.3}}$$

式中，v—管道内水的平均流速，m/s；

d_j—管道的计算内径，m，应按管道的内径减 1 mm 确定。

2. 消防水泵扬程或系统所需总水头的计算

$$H = H_Ã + \frac{p_x}{10} + \sum h$$

式中，$H_Ã$—最不利点消火栓与消防贮水池的高差，m；

p_x—消火栓口的水压，kPa；

$\sum h$—从消防水泵至最不利点消火栓总的水头损失，包括沿程水头损失和局部水头损失，m。

3. 室内消火栓系统的设计程序

（1）选定消火栓、水带、水枪的型号。

（2）确定消火栓的水枪充实水柱长度、设计喷嘴压力和水枪设计流量，若不满足要求，反复计算，直至满足要求。

（3）确定室内消火栓系统的消防用水量。

（4）计算消火栓的保护半径，并确定室内消火栓及消防竖管的布置间距。

（5）绘制室内消火栓系统管网平面布置图和轴测图。

（6）选择最不利点消火栓并确定最不利计算管路。

（7）计算最不利点消火栓栓口处所需的水压。

（8）确定消防给水管网的管径：

①消防竖管宜采用同一管径，且上、下管径不变；

②对于消防进水管及水平干管管径，消防竖管管径≤水平干管管进水管管径。

（9）计算最不利管路的水头损失：

①计算沿程水头损失；

②计算局部水头损失。

（10）计算消防水泵或室内消火栓系统所需的总压力。

（11）根据流量和扬程选择消防水泵。

（12）确定高位消防水箱容积和设置高度。

（13）确定水泵接合器的型号和设置数量。

（14）确定消防贮水池容积。

（15）确定室外消防给水管网类型和管径，并进行管网布置。

（16）确定室外消火栓设置数量（根据室外消防用水量确定）。

七、高层建筑消火栓系统的超压与减压

（一）高层建筑消火栓系统超压的产生及危害

在高层建筑中，由于建筑层数较多，上、下层消火栓水压相差很大，因此下层消火栓的流量比上层大得多。另外，消火栓栓口压力过大，造成水枪的反作用力很大，使得消防队员难以抓牢水枪，对扑灭火灾极为不利。因此，相关规范规定，当消火栓栓口的出水压力大于 0.5 MPa 时，应采取减压措施。

高层建筑消火栓系统中，在静水压力的作用下，下层的管道系统有时会产生水锤、噪声和振动，零件配件须经常更换，增加了管理费用。

水锤防护可采取以下措施：延长关闭阀门、水枪的时间；增加管道的壁厚；减小管道中的流速；选择消声止回阀；设置泄压装置和水锤消除器等。

（二）高层建筑消火栓系统的减压

1. 减压孔板

（1）减压孔板的设置要求

减压孔板的设置应符合下列要求：减压孔板应设在直径不小于 50 mm 的水平直管段上，前、后管段的长度均不宜小于设置管段直径的 5 倍；孔口直径不应小于设置管段直径的 30%，且不应小于 20 mm；孔板应安装在水流转弯处下游一侧的直管段上。

（2）减压孔板的材料及安装要求

减压孔板采用黄铜或不锈钢材料加工而成，其孔口表面应光滑，板中心有圆孔。对于减压孔板的厚度：当管道直径为 50 ～ 80 mm 时，厚度为 3 mm；当管道直径为 100 ～ 150 mm 时，厚度为 6 mm；当管道直径为 200 mm 时，厚度为 9 mm。除管道直径 50 mm 的减压孔板可以以丝扣方式在管道内安装外，减压孔板一般都靠法兰与管道连接。

2. 减压稳压型消火栓

减压稳压型消火栓克服了减压孔板的缺点，它不但能减掉消火栓系统的动压，而且能减掉静压。

室内减压稳压型消火栓的减压工作原理与普通的减压阀不同。普通的减压阀一般采用的是阀后取样技术，也即通过检测阀后压力的变化来控制阀门的工作，而减压稳压型消火栓采用的是栓前取样技术，也即通过检测栓前压力的变化来控制其内部减压稳压装置的工作。后者的减压稳压原理是：栓体内部采用了活塞套、活塞及弹簧，由此组成了减压装置。

3. 系统分区

减压稳压型消火栓解决了消火栓系统中消火栓处压力过剩的问题，但消火栓系统也不能承受过高的压力。为解决系统超压问题，一般采用分区来解决。为防止水泵加压时产生的动压超过静压，分区可适当留有余地。对于消火栓系统，一般可按 0.5～0.55 MPa 进行静压分区。

第三节　自动喷水灭火系统

一、自动喷水灭火系统的设置场所与火灾危险等级划分

（一）自动喷水灭火系统的设置场所

1. 不小于 50 000 纱锭的棉纺厂的开包、清花车间；不小于 5 000 锭的麻纺厂的分级、梳麻车间；火柴厂的烤梗、筛选部位；泡沫塑料厂的预发、成型、切片、压花部位；占地面积大于 1 500 m2 的木器厂房；占地面积大于 1 500 m2 或总建筑面积大于 3 000 m2 的单层或多层制鞋、制衣、玩具及电子产品等厂房；高层乙、丙、丁类厂房；建筑面积大于 500 m2 的丙类地下厂房。

2. 每座占地面积大于 1 000 m2 的棉、毛、丝、麻、化纤、毛皮及其制品的仓库；每座占地面积大于 600 m2 的火柴仓库；邮政建筑中建筑面积大于 500 m2 的空邮袋库；建筑面积大于 500 m2 的可燃物品地下仓库；可燃、难燃物品的高架仓库和高层仓库；设计温度高于 0℃的高架冷库；设计温度高于 0℃且防火分区建筑面积大于 1 500m2 的非高架冷库。

3. 特等、甲等或超过 1 500 个座位的其他等级的剧院；超过 2 000 个座位的会堂或礼堂；超过 3 000 个座位的体育馆；超过 5 000 人的体育场的室内人员休息室与器材间等。

4. 任一楼层建筑面积大于 1 500 m2 或总建筑面积大于 3 000 m2 的展览、商店、旅馆建筑，以及医院中同样建筑规模的病房楼、门诊楼和手术部；建筑面积大于 500 m2 的地下或半地下商店。

5. 设置有送回风道（管）的集中空气调节系统且总建筑面积大于 3 000 m2 的办公建筑等。

6. 设置在地下、半地下或地上 4 层及 4 层以上歌舞娱乐放映游艺场所（游泳场所除外），设置在建筑的首层、二层和三层，且任一层建筑面积大于 300 m2 的歌舞娱乐放映游艺场所（游泳场所除外）。

7. 藏书量超过 50 万册的图书馆。

8. 一类高层公共建筑及其裙房（除游泳池、溜冰场、建筑面积小于 5.00 m2 的卫生间、厕所外）。

9. 二类高层公共建筑的公共活动用房、走道、办公室和旅馆的客房、可燃物品库房、自动扶梯底部和垃圾道顶部。

10. 高层民用建筑中经常有人停留或可燃物较多的地下、半地下室房间，歌舞娱乐放映游艺场所，燃油、燃气锅炉房、柴油发电机房等。

11. 建筑高度大于 100 m 的住宅建筑。

（二）火灾危险等级划分

1. 轻危险级

轻危险级一般是指场所可燃物品较少、可燃性低和火灾发热量较低，外部增援和疏散人员较容易。

2. 中危险级

中危险级一般是指内部可燃物数量及其可燃性为中等，火灾初期不会引起剧烈燃烧，大部分民用建筑和工业厂房火灾划归中危险级。此类场所发生的火灾还可细分为中危Ⅰ级和中危Ⅱ级。由于商场内物品密集、人员集中，发生火灾的频率较高，容易酿成大火，造成群死群伤和高额财产损失的严重后果，因此通常将大型商场火灾列入中危Ⅱ级。

3. 严重危险级

严重危险级一般是指可燃物品数量多，火灾时容易引起猛烈燃烧并可能迅速蔓延。除摄影棚、舞台葡萄架下部外，存在较多数量易燃固体、液体物品工厂的备料和生产车间等，都易发生严重危险级火灾。严重危险级也分为严重Ⅰ级和严重Ⅱ级。

4. 仓库危险级

仓库危险级专门针对仓库类建筑火灾。由于仓库自动喷水灭火系统涉及面广，较为复杂，针对不同情况，又将仓库危险级细分为仓库危险Ⅰ级、Ⅱ级和Ⅲ级。

二、自动喷水灭火系统的分类及适用范围

（一）湿式自动喷水灭火系统

1. 湿式自动喷水灭火系统的特点

与其他自动喷水灭火系统相比，湿式自动喷水灭火系统结构简单，施工和维护管理方

便，使用可靠，灭火及时，扑救和控火效率高，建设投资少，管理费用低，适用范围广，是目前使用时间最长、应用最广泛的一种自动喷水灭火系统。但由于系统管网中充有有压水，当系统渗漏时，会损毁建筑装饰和影响建筑的使用。

2. 湿式自动喷水灭火系统的适用场所

湿式自动喷水灭火系统适用于常年环境温度在 4℃～ 70℃范围的能用水灭火的建筑物或构筑物内。

（二）干式自动喷水灭火系统

1. 干式自动喷水灭火系统的特点

干式自动喷水灭火系统与湿式自动喷水灭火系统的主要工作过程相似，只是在喷头动作前要先排气，这会影响灭火的速度和效果，因此，干式自动喷水灭火系统的喷水灭火速度不如湿式自动喷水灭火系统快，灭火率也相对较低。为使压力水能尽快进入充气管网、缩短排气时间，干式自动喷水灭火系统应在管网顶端设快速排气阀，且快速排气阀入口前应设电磁阀。

2. 干式自动喷水灭火系统的适用场所

干式自动喷水灭火系统适用于常年环境温度低于 4℃或高于 70℃的能用水灭火的建筑物或构筑物内，以及采暖期长而建筑内无采暖设施的场所，如在寒冷地区不采暖的地下车库和库房等。

（三）干湿式自动喷水灭火系统

1. 干湿式自动喷水灭火系统的组成与工作原理

干湿式自动喷水灭火系统由闭式喷头、管道系统、干式报警阀、湿式报警阀或干湿两用报警阀、报警装置、充气设备和供水设施等组成。

2. 干湿式自动喷水灭火系统的特点

干湿式自动喷水灭火系统中的报警阀是由干式报警阀和湿式报警阀串联而成的，也可采用干湿两用报警阀，可交替使用，交替使用时可以克服干式报警阀效率低的问题。

3. 干湿式自动喷水灭火系统的适用场所

干湿式自动喷水灭火系统主要用于年采暖期少于 100 天的不采暖房间。对于环境温度小于 4℃或大于 70℃的小型区域，如建筑物中的局部小型冷藏室、温度超过 70℃的烘房、蒸汽管道等部位，当建筑物的其他部位采用了湿式自动喷水灭火系统时，在这种特殊小区域可以在湿式自动喷水灭火系统上接设尾端干式自动喷水灭火系统或尾端干湿式自动喷水灭火系统。采用小型尾端干式自动喷水灭火系统或干湿式自动喷水灭火系统时，可以采用电磁阀代替干湿两用报警阀和干式报警阀，同时设置可行的放空管道积水的设施。

（四）预作用自动喷水灭火系统

1. 预作用自动喷水灭火系统的特点

预作用自动喷水灭火系统将电子技术和自动化技术结合起来，同时具备干式自动喷水灭火系统和湿式自动喷水灭火系统的特点，由于具有独特的功能和特点，有取代干式自动喷水灭火系统的趋势。它克服了干式自动喷水灭火系统控火灭火率低、湿式自动喷水灭火系统产生水渍的缺陷，可以代替干式自动喷水灭火系统以提高灭火速度和效率，也可代替湿式自动喷水灭火系统用于管道和喷头易于被损坏、产生误喷和漏水、造成严重水渍的场所。预作用自动喷水灭火系统还具备早期报警和自动检测功能，能随时发现系统中的渗漏和损坏情况，从而提高了系统的安全可靠性。

2. 预作用自动喷水灭火系统的适用场所

预作用自动喷水灭火系统可用于对自动喷水灭火系统安全要求较高的建筑物内，或冬季结冰和不能采暖的建筑物内，也可用于不允许有误喷而造成水渍损失的建筑物中，或系统处于准工作状态时严禁管网漏水的建筑物中，如高级旅馆、医院、重要办公楼、大型商场、棉花和烟草的库房等。预作用自动喷水灭火系统由于较复杂且投资大，通常用于不能使用干式自动喷水灭火系统或湿式自动喷水灭火系统的场所，或对系统安全程度要求较高的场所，这也是预作用自动喷水灭火系统没能得到广泛应用的原因。

（五）重复启闭预作用自动喷水灭火系统

1. 重复启闭预作用自动喷水灭火系统的组成与工作原理

重复启闭预作用自动喷水灭火系统的组成和工作原理与预作用自动喷水灭火系统相似，主要的不同点是，它将预作用阀（雨淋阀）改为循环启闭的水流控制阀，将普通火灾探测器改为循环火灾探测器，目的是实现系统循环启闭的功能。

2. 重复启闭预作用自动喷水灭火系统的特点

重复启闭预作用自动喷水灭火系统的功能优于以往所有的自动喷水灭火系统，其应用范围广泛。系统在灭火后能自动关闭，节省消防用水，最重要的是能将由于灭火所造成的水渍损失减轻到最低限度。火灾后喷头的替换，可以在系统仍处于工作状态的情况下马上进行，喷头或管网的损坏也不会造成水渍破坏。断电时，系统能自动切换，转用备用电池操作，如果电池在恢复供电前用完，电磁阀开启，系统转为以湿式自动喷水灭火系统形式工作。循环启闭预作用自动喷水灭火系统造价较高，而且火灾后环境改变，可能导致火灾探测器的可靠性受到一定影响，该系统目前只用在特殊场合，但随着喷头、感烟火灾探测器的进一步发展，以及对系统灭火后水渍损失减小的要求的提高，该系统将来有可能得以大力发展。

3. 重复启闭预作用自动喷水灭火系统的适用场所

重复启闭预作用自动喷水灭火系统可设置在要求灭火过程中尽量减少灭火用水量及水

对财物的破坏，以及不适宜使用化学灭火剂的场所。它与快速响应型喷头结合，根据着火情况往往只需要开放部分喷头就能及早将火灭掉，因此能减少灭火用水量；它再与水雾喷洒方式结合，即重复启闭＋水雾闭式喷头＋快速响应，形成更完美的结合，将会使灭火用水量最少，水渍损失最小，有利于替代卤代烷灭火系统。

三、自动喷水灭火系统的组件及设置要求

（一）闭式喷头

1. 闭式喷头的类型

（1）闭式喷头按阀片支撑的结构形式的不同，或按热敏元件的不同，分为玻璃球喷头和易熔合金喷头。

（2）闭式喷头按启动时的公称动作温度的不同分成不同温度等级的喷头。

（3）闭式喷头按溅水盘的形式和安装位置的不同分为直立型、下垂型、边墙型和吊顶型喷头。

（4）闭式喷头按热敏元件的响应等级及响应指数（RTI）值分为标准响应型喷头、特殊喷头、快速响应型喷头和超快速响应型喷头。

（5）闭式喷头按出水口径或出水流量系数 K 值的不同分为小口径喷头、标准口径喷头、大口径喷头和超大口径喷头。

（6）闭式喷头按每个喷头的最大保护面积不同分为标准喷头和扩大覆盖面喷头。

（7）其他特殊喷头。

①自动启闭洒水喷头。自动启闭喷头的特点是，发生火灾时能自动开启喷水，而在火灾扑灭后能自动关闭，具有用水量少、水渍损失小的优点。

②大水滴洒水喷头。大水滴洒水喷头有一个复式溅水盘，通过溅水盘使喷出的水形成具有一定比例的大、小水滴（水滴平均粒径为 3 mm），均匀喷向保护区，其中大水滴能有效地穿透火焰，直接接触着火物，降低着火物的表面温度。因此大水滴洒水喷头在高架库房等火灾危险性较高的场所应用能收到良好的效果。

③窗玻璃喷头。窗玻璃喷头是专门用于保护不可开启的热增强型玻璃或钢化玻璃的特殊闭式喷头，分为水平边墙型和下垂边墙型两种。

2. 喷头的选型

（1）闭式自动喷水灭火系统喷头的使用要求。

①闭式自动喷水灭火系统的喷头应严格按环境温度来选择温级，其公称动作温度宜高于环境最高温度30℃。

②在设置喷头的场所，应注意防止腐蚀性气体的腐蚀。

（2）湿式自动喷水灭火系统的喷头应符合的要求。

①吊顶下布置的喷头，应采用下垂型喷头或吊顶型喷头。

②不做吊顶的场所，当配水支管布置在梁下时，应采用直立型喷头。

③顶板为水平面的火灾等级为轻危险级、中危Ⅰ级的居室和办公室，可采用边墙型喷头。

④易受碰撞的部位，应采用带保护罩的喷头或吊顶型喷头。

（3）为便于系统在灭火或维修后恢复戒备状态之前排尽管道中的积水，同时有利于在系统启动时排气，干式自动喷水灭火系统、预作用自动喷水灭火系统应采用直立型喷头或干式下垂型喷头。

（4）快速响应型喷头宜在下列场所采用。

①公共娱乐场所、中庭环廊。

②医院、疗养院的病房及治疗区域，老年、少儿、残疾人的集体活动场所。

③超出水泵接合器供水高度的楼层。

④地下的商业及仓储用房。

（5）喷头选型的其他要求。

①为防止混装不同喷头对系统的启动与操作造成不良影响，同一隔间应采用热敏性能、规格及安装方式一致的喷头。

②为及时更换损坏的喷头，自动喷水灭火系统应有备用喷头，其数量不应少于总数的1%，且每种型号均不得少于 10 个。

③有特殊要求的场合，应根据安装环境的特点选用特殊喷头。

3. 喷头的布置

（1）喷头的一般布置规定

①喷头应布置在顶板或吊顶下易于接触到火灾热气流并有利于均匀布水的位置。

②直立型、下垂型喷头的布置，包括同一根配水支管上喷头的间距及相邻配水支管的间距，应根据系统的喷水强度、喷头的流量系数和工作压力确定，并满足相关规定。

③除吊顶型喷头及吊顶下安装的喷头外，直立型、下垂型标准响应型喷头，其溅水盘与顶板的距离不应小于 75 mm，不应大于 150 mm。

④早期抑制快速响应型喷头的溅水盘与顶板的距离，应符合直立型不小于 100 mm、不大于 150 mm，下垂型不小于 150 mm、不大于 360 mm 的规定。

⑤图书馆、档案馆、商场、仓库中的通道上方宜设有喷头。

⑥净空高度大于 800 mm 的闷顶和技术夹层内有可燃物时，应设置喷头。

⑦当局部场所设置自动喷水灭火系统时，与相邻不设自动喷水灭火系统场所连通的走道或连通门窗的外侧，应设喷头。

⑧装设通透性吊顶的场所，喷头应布置在顶板下。

⑨顶板或吊顶为斜面时，喷头应垂直于斜面，并应按斜面距离确定喷头间距。

（2）货架内喷头的布置规定

①货架置喷头宜与顶板下喷头交错布置，其溅水盘与上方层板的距离，应符合相关规范的相应规定，与其下方货品顶面的垂直距离不应小于 150 mm。

②货架内喷头上方的货架层板，应为封闭层板。如果货架内喷头上方有孔洞、缝隙，应在喷头的上方设置集热挡水板。集热挡水板应为正方形或圆形金属板，其平面面积不宜小于 0.12 m2 周围弯边的下沿，宜与喷头的溅水盘平齐。

（3）汽车库、修车库喷头的布置规定

①喷头应布置在汽车库门车位的上方，至少应有 1 只喷头正对车位。

②机械式立体停车库布置喷头时，每个车位应有 2 只喷头，喷头应按车的托板位置分层布置，且应在喷头的上方设集热板。

③车库内设有通风管道时，应增设喷头。

（二）报警阀组

1. 报警阀组的类型

（1）湿式报警阀（充水式报警阀）组

湿式报警阀组是一种当火灾发生时能迅速启动消防设备进行灭火，并发出报警信号的设备，主要由湿式报警阀、延时器、压力开关、压力表等组成。其中，湿式报警阀可分为隔板座圈型湿式报警阀和导阀型湿式报警阀两类。

（2）干式报警阀组

干式报警阀组主要由干式报警阀、放水阀、水力警铃、压力开关、充气塞、信号管网、控制阀等组件组成。

（3）干湿两用报警阀组

干湿两用报警阀组由湿式报警阀、干式报警阀、水力警铃、压力开关等组成。

（4）预作用报警阀组

预作用报警阀组主要是由雨淋报警阀和湿式报警阀上下串接而成的，其作用原理与雨淋报警阀组相似。平时供水压力为锁定机构提供动力，将预作用报警阀阀瓣关闭。火灾探测器或灭火喷头动作后，锁定机构上的供水压力迅速降低，阀瓣脱落并开启，供水进入消防管网。预作用报警阀组组件基本与雨淋报警阀组相同。

2. 报警阀的规格与设置

（1）报警阀的公称直径

报警阀的公称直径有 50 mm、65 mm、80 mm、100 mm、125 mm、150 mm、200 mm、250 mm 八种。

（2）报警阀组对喷头的控制

自动喷水灭火系统由于检修、维修等各种原因，有时需要停止工作。如果一个报警阀组控制的喷头过多，会导致系统停止工作时的火灾危险性增大。因此，为了避免停止工作的喷头范围过大，应对每个报警阀控制的最大喷头数进行限制。

（3）报警阀组的设置要求

①自动喷水灭火系统应设报警阀组。

②串联接入湿式自动喷水灭火系统配水干管的其他自动喷水灭火系统，应分别设置独立的报警阀组，其控制的喷头数计入湿式报警阀组控制的喷头总数。

③每个报警阀组供水的最高与最低位置喷头，高程差不宜大于 50 m。

④报警阀组宜设在安全及易于操作的地点，不宜设置在消防控制中心。

⑤当高层建筑中有多个报警阀时，宜分层设置，且在每个报警阀上应注明相应的编号。

⑥湿式自动喷水灭火系统报警阀组不多于 3 套时，宜集中设置；多于 3 套时，宜分散设置。

⑦连接报警阀进、出口的控制阀应采用信号阀，若不采用信号阀，控制阀应设锁定阀位的锁具。

⑧水力警铃的工作压力不应小于 0.05 MPa，且水力警铃应设在有人值班的地点附近。

（三）水流指示器

1. 水流指示器的工作原理

水流指示器通常设在自动喷水灭火系统的分区配水管上，当喷头开启喷水灭火时，有大于预定流量的水流通过管道，水流指示器发出电信号，向消防控制室指示开启喷头所处的位置分区。水流指示器可用于检测自动喷水灭火系统运行状况及确定火灾发生区域的部位。

2. 水流指示器的设置要求

（1）除报警阀组控制的喷头只保护不超过防火分区面积的同层场所外，设有自动喷水灭火系统的每个防火分区和每个楼层均应设置水流指示器。

（2）仓库内顶板下喷头与货架内喷头应分别设置水流指示器，这样有利于掌握喷头的状况。

（3）当在水流指示器入口前设置控制阀时，控制阀应采用信号阀。

（4）水流指示器宜安装在管道井中，以便于维护管理。

（四）末端试水装置

1. 末端试水装置的构造和技术参数

末端试水装置由试水阀、压力表及试水接头等组成。

为使末端试水装置能够模拟实际情况，进行开放 1 只喷头启动系统等试验，要求其试水接头出水口的流量系数等同于同楼层或防火分区内喷头的最小流量系数。

2. 末端试水装置的设置要求

试水阀应布置在易于接近的部位，高度不超过 2 m。试水喷嘴排出的水应排至排水管或室外。当排至室外时，为防止试水阀在冬季冻坏，试水阀后的管路长度应大于 1.2 m。

（五）快速排气阀和快速排气装置

干式自动喷水灭火系统、干湿式自动喷水灭火系统和预作用自动喷水灭火系统的配水管道应设快速排气阀，便于系统启动后管道尽快排气、及时充水。有压充气管道的快速排气阀入口前应设电动阀，电动阀平时关闭，系统充水时开启。

（六）消防管道

1. 消防管道的分类

自动喷水灭火系统的管道，若以报警阀为单元划分，报警阀前的管道称为供水管道，报警阀后的管道称为配水管道。配水管道由直接安装喷头的配水支管、向配水支管供水的配水管、向配水管供水的配水干管及垂直立管组成，其管径由小到大，分布于整个保护场所，连通全部喷头，输送灭火所需的水。

2. 消防管道的布置

（1）火灾等级为轻危险级的场所宜采用枝状管网中的任一种形式。

（2）火灾等级为中危Ⅰ级的场所宜采用枝状管网中的中央中心型和侧边中心型两种形式。

（3）火灾等级为中危Ⅱ级的场所宜采用枝状管网中的中央中心型、侧边中心型及环状管网三种形式。

（4）火灾等级为严重危险级的场所和仓库危险级的场所宜采用环状管网和格栅状管网两种形式。

3. 消防管道设置的具体要求

（1）为保证系统的用水量，报警阀出口后的配水管道上不应设置其他用水设备，且配水管道的工作压力不应大于 1.2 MPa。

（2）为保证配水管道的质量，避免不必要的检修，配水管道应采用内外壁热镀锌钢管或符合现行国家或行业标准且同时符合规范规定的涂覆其他防腐材料的钢管，以及铜管、不锈钢管。

（3）为防止配水支管过长，水压损失过大，配水管两侧每根配水支管控制的标准喷头数应符合下列要求：火灾等级为轻危险级、中危险级的场所不应超过 8 只，同时在吊顶上、下安装喷头的配水支管，上、下侧的喷头数均不应超过 8 只；火灾等级为严重危险级及仓库危险级的场所均不应超过 6 只。

（4）管道的直径应经水力计算确定，达到既经济又合理的要求。

（5）为保证系统的可靠性和尽量均衡系统管道的水力性能，对于火灾等级为轻危险级、中危险级的场所不同直径的配水支管、配水管所控制的标准喷头数，不宜超过相关规定。

（6）为控制小管径管道的水头损失和防止杂物堵塞管道，短立管及末端试水装置的连接管，其管径不应小于 25 mm。

（7）为满足系统启动后立即喷水的要求，干式自动喷水灭火系统的配水管道充水时间不宜大于 1 min；预作用自动喷水灭火系统的配水管道充水时间不宜大于 2 min。

（8）为保证自动喷水灭火系统充水时易于排气，维修时易于排尽管内积水，水平安装的管道宜有坡度，并应坡向泄水阀。

四、高层建筑自动喷水灭火系统的供水方式、布置与减压

（一）高层建筑自动喷水灭火系统的供水方式与布置

1. 根据自动喷水灭火系统的压力状态，即保证系统最不利喷头处的工作压力，系统可分为高压（常高压）给水系统、临时高压给水系统两种。

2. 系统按照配水管道的工作压力不大于 1.20 MPa 进行竖向分区。

3. 按服务范围，系统还可分为独立的自动喷水灭火系统和区域集中的自动喷水灭火系统。

4. 由于报警阀的存在，自动喷水灭火系统在同样的供水方式下，具有多个报警阀分别服务于建筑中不同区域的形式。

5. 自动喷水灭火系统采用分区给水的高层建筑，每个分区的消防给水管网应分别设置水泵接合器。

6. 高层建筑的自动喷水灭火系统实行分区供水时，系统的中间贮水池作为有限水源。

（二）高层建筑自动喷水灭火系统的减压

高层建筑自动喷水灭火系统的减压可采用减压孔板、节流管、减压阀等。

减压孔板、节流管一般设置于水流指示器后，两者都只能减动压，不能减静压。减压孔板应采用不锈钢板制作，并应设在直径不小于 50 mm 的水平直管段上，前、后管段的长度均不宜小于该管段直径的 5 倍，孔口的直径不应小于设置管段直径的30%，且不应小于 20 mm。节流管的直径宜按上游管段直径的一半确定，长度不宜小于 1 m，管内水的平均流速不应大于 20 m/s。

五、雨淋喷水灭火系统

雨淋喷水灭火系统为开式自动喷水灭火系统中的一种，使用开式喷头，发生火灾时，由自动控制装置打开集中控制阀门使系统保护区上的所有喷头一起喷水灭火。

按淋水管的充水与否，雨淋喷水灭火系统可以分为空管式雨淋喷水灭火系统、充水式雨淋喷水灭火系统两种。

雨淋喷水灭火系统由火灾探测系统、开式喷头、雨淋阀、管网、报警系统、供水设施等组成，它具有以下特点：

1. 反应快，灭火及时。

2. 能有效地控制住火灾，防止火灾蔓延。

3. 用水量大。

雨淋喷水灭火系统适用于火势发展迅猛、火灾水平蔓延速度快、室内静空超高的高度危险场所，以及闭式喷头不能及时动作和控制的场所。

六、水幕系统

水幕系统是一种装有水幕喷头（开式），喷头沿线状布置，喷出的水形成水帘或水墙，具有防火、分隔、冷却作用，阻断烟气和火势的蔓延，不具备直接灭火的能力的防护系统。

水幕系统由水幕喷头、雨淋阀、供水设施、管网、探测系统和报警系统组成。

水幕系统采用开式喷头，喷出的水形成水帘状，一般与防火卷帘、防火水幕配合使用。

水幕系统的主要作用如下：

1. 防护冷却，冷却防火卷帘、防火幕等防火分隔物。

2. 防火分隔，如在舞台与观众席之间形成水墙或水帘阻火防烟。

七、水喷雾灭火系统

（一）水喷雾灭火系统的灭火原理及应用范围

1. 水喷雾灭火系统的灭火原理

（1）冷却

水雾的冷却作用体现在冷却火焰和燃烧区的气态物质上。当喷雾水喷射到燃烧物表面时，会吸收大量的热而迅速汽化，水雾的外表面积与高温气体、火焰产生热交换，夺取气体、火焰的热量。雾滴越小，同体积的水所产生的雾滴越多，其外表面积就越大，雾滴就越容易汽化，热效率越高，冷却作用越明显。当火焰和气态燃烧区被冷却后，燃烧反应速度降低，使燃烧的氧化反应难以维持。燃烧物表面温度迅速降至燃点以下，燃烧即停止。

（2）窒息

喷雾水喷射到燃烧区后，遇热汽化，生成比原液体体积大1 700倍的水蒸气，水蒸气包覆在燃烧物周围，使燃烧物周围空气中的氧气浓度不断下降，燃烧因窒息而停止。

（3）冲击乳化

冲击乳化只适用于由不溶于水的可燃液体引起的火灾。喷雾水喷射到正在燃烧的液体表面时，由于水雾滴的冲击，在液体表面产生搅拌作用，从而在液体表面形成一层由水滴和非水溶性可燃液体组成的乳化混合物，其中夹杂着大量气泡，这种乳化物不燃烧，覆盖在可燃液体表面上，可使燃烧中断。

（4）稀释

对于水溶性液体火灾，喷雾水由于与水溶性液体能很好融合，因而可使水溶性液体浓度降低，达到灭火的目的。

2. 水喷雾灭火系统的应用范围

（1）单台容量在40 MW及以上的厂矿企业的可燃油浸电力变压器，单台容量在90 MW及以上的可燃油浸电厂电力变压器，或单台容量在125 MW及以上的独立变电所油浸电力变压器。

（2）飞机发动机试车台的试车部位。

（二）水喷雾灭火系统的组成及控制方式

1. 水喷雾灭火系统的组成

（1）水雾喷头

①水雾喷头的类型

水雾喷头有离心雾化型水雾喷头和撞击雾化型水雾喷头两种类型。

②水雾喷头的水力特性参数

水雾喷头的水力特性参数主要有喷头水平喷射时的水雾锥、喷头有效射程，以及喷头压力、K值、流量等。

（2）雨淋阀组

①雨淋阀组应具备的功能

雨淋阀组应具备的功能包括：接通或关闭系统的供水；接收电控信号，可电动开启雨淋阀，手动或气动开启雨淋阀；具有手动应急操作阀；显示雨淋阀的启、闭状态；驱动水力警铃；监测供水压力。

②雨淋阀组的设置位置

雨淋阀应设在环境温度不低于4℃，且设有排水设施的室内或专用阀室。阀室设置宜靠近保护对象，并便于人员操作，确保其安全。

（3）供水管网

①供水管网的组成

水喷雾灭火系统的管网由配水干管、主管道和供水管道组成。

a. 配水干管是指直接安装水雾喷头的管道。根据保护对象的特点，配水干管可采用枝状管或环状管。

b. 主管道是指从雨淋阀后到配水干管间的管道。对于在火灾或爆炸时容易受到损坏的地方，应将主管道敷设在地下或接近地面处。

c. 供水管道是指从消防供水水源或消防水泵出口到雨淋阀前的管道。

②供水管网的设置要求

供水管网的设置要求如下：

a. 雨淋阀后的管道不应设置其他用水设施。

b. 雨淋阀后的管道应采用内外镀锌钢管。

c. 在寒冷地区，为了防止管道内的积水结冰后造成管道破裂，其系统管道应设泄水阀及相应的排水设施，以排出积水。

d. 为便于清除管道内的杂物和锈蚀物，在锈蚀物易于沉积且便于排出的部位应设置排渣口。

（4）过滤器

雨淋阀和电磁阀的流道通径都较小，极易堵塞。为防止杂物堵塞造成雨淋阀控制失效，应在雨淋阀前的水平管段设置过滤器。当水雾喷头无滤网时，为防止水中杂物堵塞喷头，也应在雨淋阀后的水平管道设置过滤器。选择过滤器时，要求所选过滤器通水性能好，能长时间连续使用，且水头损失不能过大。过滤器滤网应使用耐腐蚀金属材料制成，同时应根据系统设备和水质情况，选择合适的滤网孔径。

2. 水喷雾灭火系统的控制方式

水喷雾灭火系统应设有自动、手动和应急操作三种启动方式。手动控制方式有两种：第一种是发现火情后由人工在雨淋阀处或现场打开传动管上的应急手动阀门，使雨淋阀传动腔排水降压从而启动雨淋阀；第二种是消防控制中心接到火灾报警信号后，在联动控制柜处发出信号，打开雨淋阀处传动管上的电磁阀进行降压从而启动雨淋阀，这种控制方式是硬线控制。常称第一种方式为应急操作方式，第二种方式为手动远程控制方式。

在自动控制启动方式下，雨淋阀及供水设施应全部由火灾报警装置自动启动。

（三）水喷雾灭火系统的设计

1. 水雾喷头的布置

（1）保护液化石油气灌装间、实瓶库和危险品仓库、汽车库等场所的水雾喷头布置

①当水雾喷头按矩形布置时，水雾喷头的布置间距要求是：

$$S \leqslant \sqrt{2}R$$

②当水雾喷头按三角形布置时，水雾喷头的布置间距要求是：

$$S \leqslant \sqrt{3}R$$

（2）保护液化气储罐的水雾喷头布置

①喷头与储罐外壁的距离不应大于 0.7 m，以减少火焰的热气流和风对水雾的影响，减少水雾穿越被火焰加热的空间时的汽化损失。

②当储罐为球形储罐时，管路可分几层环绕罐体，喷头均匀布置在每层水平环管上。

③对容积大于或等于 1 000 m3 的液化气储罐，喷头喷射的水雾锥应沿纬线方向相交，宜沿经线方向相接。

④喷头布置除考虑对罐体进行保护外，对附属设备，如无保护层的球罐支柱、液位计、罐底阀门组等最容易发生泄漏的部位，也应同时设置喷头进行保护。

（3）保护油浸式电力变压器的水雾喷头布置

当保护对象为油浸式电力变压器时，水雾喷头的布置应符合下列要求：

①水雾喷头应布置在变压器的周围，不宜布置在变压器的顶部。

②油枕、冷却器、集油坑应设水雾喷头保护。

③水雾喷头之间的水平距离与垂直距离应满足水雾锥相交的要求。

（4）保护电缆的喷头布置

电缆的绝缘材料多数是可燃的，一旦着火会迅速向远端传播蔓延，所以对重要部位的电缆隧道、电缆夹层、电缆竖井要进行水喷雾灭火保护。电缆保护的原则是，保证电缆处于水雾的包围之中，以使着火电缆的火焰窒息。因此，喷头应布置在水平电缆的上下、竖直电缆的左右，并在电缆支架处另增喷头，避免支架遮挡水雾。

2. 水喷雾灭火系统的设计技术参数

（1）喷雾强度

喷雾强度是指系统在单位时间内向每平方米保护面积上提供的最低限度的喷雾量，是达到灭火和防护冷却目的的最重要参数，它可以根据国家标准按照防护目的和防护对象进行确定。

（2）持续喷雾时间

持续喷雾时间是指系统全面喷雾时起至喷雾结束时不间断的喷雾时间，也是水泵向系统不间断供水的延续时间。持续喷雾时间是系统重要的参数之一。

（3）保护面积

①可燃气体和甲、乙、丙类液体的灌装间、装卸台、泵房、压缩机房等的保护面积应

按使用面积确定。

②对于液化气储罐的保护面积，着火罐应按全部外表面面积计算，相邻罐应按外表面面积的一半计算。

③变压器的保护面积除应包括扣除底面面积以外的变压器外表面面积外，还应包括油枕、冷却器的外表面面积和集油坑的投影面积。

④分层敷设的电缆的保护面积应按整体包容的最小规则形体的外表面面积确定。

⑤输送机传送带的保护面积应按上行传送带的上表面面积确定。

⑥开口容器的保护面积应按液面面积确定。

3. 水喷雾灭火系统的水力计算

水喷雾灭火系统水力计算的主要内容如下：

（1）保护对象的水雾喷头设置数量确定。

（2）系统计算流量的确定。

（3）消防水泵扬程计算。

第七章　建筑施工组织

第一节　基本建设的概述

一、基本建设的含义及项目分类

（一）基本建设的含义

基本建设是国民经济各部门、各单位新增固定资产的一项综合性的经济活动，主要通过新建、扩建、改建和恢复工程等投资活动来完成。

有计划、有步骤地进行基本建设，对扩大社会再生产、提高人民物质文化生活水平和加强国防实力具有重要意义。基本建设的具体作用表现在：为国民经济各部门提供生产能力；影响和改变各产业部门内部、各部门之间的构成和比例关系；使全国生产力的配置更趋合理；用先进的技术改造国民经济；为社会提供住宅、文化设施、市政设施等；为解决社会重大问题提供物质基础。

（二）基本建设项目分类

从全社会的角度来看，基本建设项目是由多个建设项目组成的。基本建设项目一般是指在一个总体设计或初步设计范围内，由一个或几个有内在联系的单位工程组成，在经济上实行统一核算，行政上有独立的组织形式，实行统一管理的建设项目。凡属于总体进行建设的主体工程和附属配套工程、供水供电工程等，均应作为一个工程建设项目，不能将其按地区或施工承包单位划分为若干个工程建设项目。此外，也不能将不属于一个总体设计范围内的工程，按各种方式划归为一个工程建设项目。

基本建设项目可以按不同标准进行分类。

1. 按建设性质分类

基本建设项目按建设性质可分为新建项目、扩建项目、改建项目、迁建项目和恢复（重建）项目五类。

（1）新建项目

新建项目是指根据国民经济和社会发展的近远期规划，按照规定的程序立项，从无到有的建设项目。现有企业、事业和行政单位一般没有新建项目，只有当新增加的固定资产价值超过原有全部固定资产价值（原值）3 倍以上时，才可算新建项目。

（2）扩建项目

扩建项目是指企业为扩大生产能力或新增效益而增建的生产车间或工程项目，以及事业和行政单位增建业务用房等。

（3）改建项目

改建项目是指为了提高生产效率、改变产品方向、提高产品质量以及综合利用原材料等，对原有固定资产或工艺流程进行技术改造的工程项目。

（4）迁建项目

迁建项目是指现有企事业单位为改变生产布局，考虑到自身的发展前景或出于环境保护等其他特殊要求，搬迁到其他地点进行建设的项目。

（5）恢复（重建）项目

恢复（重建）项目是指原固定资产因自然灾害或人为灾害等原因已全部或部分报废，又在原地投资重新建设的项目。

一个基本建设项目只能有一种性质，在项目按总体设计全部建成之前，其建设性质是始终不变的。

2. 按投资作用分类

基本建设项目按其投资在国民经济各部门中的作用可分为生产性建设项目和非生产性建设项目。

（1）生产性建设项目

生产性建设项目是指直接用于物质生产或直接为物质生产服务的建设项目，包括工业建设、农业建设、基础设施建设、商业建设等。

（2）非生产性建设项目

非生产性建设项目是指用于满足人民物质和文化、福利需要的建设和非物质生产部门的建设，包括办公用房、居住建筑、公共建筑、其他建设等。

3. 按建设项目建设总规模和投资的多少分类

根据国家规定的标准，按建设项目建设总规模和投资的多少，可将基本建设项目划分为大型、中型、小型三类。

对工业项目来说，基本建设项目按项目的设计生产能力规模或总投资额划分。其划分项目等级的原则为：按批准的可行性研究报告（或初步设计）所确定的总设计能力或投资总额的大小，生产单一产品的项目，一般以产品的设计生产能力划分；生产多种产品的项目，一般按照其主要产品的设计生产能力划分；产品分类较多，不宜分清主次，难以按产品的设计能力划分时，按其投资额划分。

按生产能力划分的基本建设项目，以国家对各行各业的具体规定作为标准；按投资额划分的基本建设项目，能源、交通、原材料部门投资额达到 5 000 万元以上为大中型建设项目，其他部门和非工业建设项目投资额达到 3 000 万元以上为大中型建设项目。

对于非工业项目，基本建设项目按项目的经济效益或总投资额划分。

二、基本建设程序

基本建设程序是基本建设项目从策划、选择、评估、决策、设计、施工、竣工验收到投入生产或交付使用的整个建设过程中，各项工作必须遵循的先后工作次序。基本建设程序是经过大量实践工作所总结出来的工程建设过程中客观规律的反映，是工程项目科学决策和顺利进行的重要保证。按照我国现行规定，一般大中型工程项目的建设程序可以分为以下几个阶段。

（一）项目建议书阶段

项目建议书是由业主单位提出的要求建设某一项目的建议性文件，是对工程项目建设的轮廓设想。项目建议书的主要作用是推荐一个项目，论述其建设的必要性、建设条件的可行性和获利的可能性。根据国民经济中长期发展规划和产业政策，由审批部门审批，并据此开展可行性研究工作。

项目建议书的内容视项目的不同而有繁有简，但一般应包括以下几个方面内容：

1. 建设项目提出的必要性和依据。

2. 产品方案、拟建规模和建设地点的初步设想。

3. 资源情况、建设条件、协作关系等的初步分析。

4. 投资估算和资金筹措设想。

5. 经济效益和社会效益初步估计。

项目建议书按要求编制完成后，应根据建设规模分别报送有关部门审批。项目建议书经审批后，就可以进行详细的可行性研究工作了，但这并不表示项目非上不可，项目建议书并不是项目的最终决策。

（二）可行性研究阶段

可行性研究的主要作用是对项目在技术上是否可行和经济上是否合理进行科学的分析和论证，在评估论证的基础上，由审批部门对项目进行审批。经批准的可行性研究报告是进行初步设计的依据。可行性研究报告的主要内容因项目性质的不同而有所不同，但一般应包括以下内容：

1. 项目的背景和依据。

2. 需求预测及拟建规模、产品方案、市场预测和确定依据。

3. 技术工艺、主要设备和建设标准。

4. 资源、原料、动力、运输、供水及公用设施情况。

5. 建设条件、建设地点、布置方案、占地面积。

6. 项目设计方案及协作配套条件。

7. 环境保护、规划、抗震、防洪等方面的要求及相应措施。

8. 建设工期和实施进度。

9. 生产组织、劳动定员和人员培训。

10. 投资估算和资金筹措方案。

11. 财务评价和国民经济评价。

12. 经济评价和社会效益分析。

只有可行性研究报告经批准后，建设项目才算正式"立项"。

（三）设计阶段

设计是对拟建工程的实施在技术上和经济上所进行的全面而详尽的安排，即建设单位委托设计单位，按照可行性研究报告的有关要求，按建设单位提出的技术、功能、质量等要求来对拟建工程进行图纸方面的详细说明。它是基本建设计划的具体化，同时也是组织施工的依据。按我国现行规定，对于重大工程项目要进行三段设计：初步设计、技术设计和施工图设计。中小型项目可按两段设计进行—初步设计和施工图设计。有的工程技术较复杂，可把初步设计内容适当加深到扩大初步设计。

1. 初步设计

根据批准的可行性研究报告和比较准确的设计基础资料所做的具体实施方案，目的是阐明在指定的地点、时间和投资控制数额内，拟建工程在技术上的可能性和经济上的合理性，并通过对工程项目所做出的基本技术经济规定，编制项目总概算。

2. 技术设计

根据初步设计和更详细的调查研究资料，进一步解决初步设计中的重大技术问题，如工艺流程、建筑结构、设备选型及数量确定等，并修正总概算。

3. 施工图设计

根据批准的扩大初步设计或技术设计的要求，结合现场实际情况，完整地表现建筑物外形、内部空间分割、结构体系、构造状况以及建筑群的组成和周围环境的配合。它还包括各种运输、通信、管道系统、建筑设备的设计。在工艺方面，应具体确定各种设备的型号、规格及各种非标准设备的制造加工过程。在施工图设计阶段，应编制施工图预算。

（四）建设准备阶段

项目在开工前要切实做好各项准备工作，其主要包括以下内容：

1. 征地、拆迁和场地平整。

2. 完成施工用水、电、路等畅通工作。

3. 组织设备、材料订货。

4. 准备必要的施工图纸。

5. 组织施工招标，择优选定施工单位。

（五）施工安装阶段

工程项目经批准开工建设，项目即进入了施工阶段。项目开工时间，是指工程建设项目设计文件中规定的任何一项永久性工程第一次正式破土开槽开始施工的日期。

施工安装活动应按照工程设计要求、施工合同条款及施工组织设计，在保证工程质量、工期、成本及安全、环保等目标的前提下进行，达到竣工验收标准后，由施工单位移交给建设单位。

（六）生产准备阶段

在生产前要切实做好各项准备工作，其主要包括以下内容：

1. 招收和培训生产人员。

2. 组织准备。

3. 技术准备。

4. 物资准备。

（七）竣工验收阶段

当工程项目按设计文件的规定内容和施工图纸的要求建设完成后，便可组织验收。竣工验收是工程建设过程的最后一环，是投资成果转入生产或使用的标志，也是全面考核基本建设成果、检验设计和工程质量的重要步骤。

工程项目竣工验收及交付使用，应达到下列标准：

1. 生产性项目和辅助公用设施已按设计要求建完，能满足要求。

2. 主要工艺设备已安装配套，经联动负荷试车合格，形成生产能力，能够生产出设计文件规定的产品。

3. 职工宿舍和其他必要的生产福利设施，能适应投产初期的需要。

4. 生产准备工作能适应投产初期的需要。

5. 环境保护设施、劳动安全卫生设施、消防设施已按设计要求与主体工程同时建成使用。

三、建设项目的组成

工程建设项目可分为单项工程、单位工程、分部工程、分项工程和检验批。

（一）单项工程

单项工程是指具备独立的设计文件，可以独立施工，竣工后可以独立发挥生产能力或效益的一组配套齐全的工程项目。工业建设项目（如各个独立的生产车间、实验大楼等）、民用建筑（如学校的教学楼、食堂、图书馆等）都可以称为一个单项工程。单项工程是工程建设项目的组成部分，一个工程建设项目有时可以仅包括一个单项工程，也可以包括多个单项工程。从施工的角度看，单项工程就是一个独立的交工系统，在工程建设项目总体施工部署和管理目标的指导下，形成自身的项目管理方案和目标，按其投资和质量的要求，如期建成后交付生产和使用。

单项工程体现了工程建设项目的主要建设内容，是新增生产能力或工程效益的基础。

（二）单位工程

具备独立施工条件（具有单独设计，可以独立施工），并能形成独立使用功能的建筑物及构筑物为一个单位工程。例如，一个生产车间，一般由土建工程、工业管道工程、设备安装工程、给水排水工程和电气照明工程等单位工程组成。

（三）分部工程

分部工程是按单位工程的行业性质、建筑部位划分的，是单位工程的进一步分解。一般工业与民用建筑可划分为地基与基础工程、主体结构工程、装饰装修工程、屋面工程，其相应的建筑设备安装工程由给水排水及采暖工程、建筑电气工程、通风与空调工程、电梯安装工程等组成。

（四）分项工程

分项工程是分部工程的组成部分，一般按主要工种、材料、施工工艺、设备类别等进行划分。例如，模板工程、钢筋工程、混凝土工程、砖砌体工程等。分项工程是建筑施工生产活动的基础，也是计量工程用工用料和机械台班消耗的基本单元。分项工程既有其作业活动的独立性，又有相互联系、相互制约的整体性。

（五）检验批

分项工程可由一个或若干检验批组成，检验批可根据施工及质量控制和行业验收需要按楼层、施工段、变形缝等进行划分。

四、工程施工实施程序

项目施工实施阶段是基本建设程序中时间最长、工作量最大、资源消耗最多的阶段。这个阶段的工作中心是根据设计图纸进行建筑安装施工，除此之外还包括做好生产或使用准备，进行竣工验收和后评价等内容。

（一）生产准备

生产准备是项目投产前由建设单位进行的一项重要工作，是建设阶段完成后转入生产、经营的必要条件。项目法人应及时组织专门班子或机构做好生产准备工作。

生产准备工作根据不同类型工程的要求确定，一般应包括下列内容：

1. 组建生产经营管理机构

制定管理制度和有关规定。施工企业一旦承揽了相应的施工任务，就要按照合同文件和国家规范的要求组建施工项目部，负责整个施工期间的施工现场管理工作，施工项目部由项目经理、技术总工、技术员、施工员、测量员、安全员、资料员等相关人员组成。应根据项目情况制定相关现场规章和管理制度，保证施工顺利进行。

2. 组织施工队和劳动力进场

施工队组的建立要考虑专业、工种的配合，技工、普工的比例要满足合理的劳动组织，符合流水施工组织方式的要求；要坚持合理、精干的原则，建立相应的专业或混合工作队，按照开工日期和劳动力需要量计划组织劳动力进场。

3. 生产技术准备

针对工程实际情况，编制施工组织设计和专项施工方案，作为施工依据。

4. 物资准备

包括原材料、燃料、工器具、备品和备件等其他协作产品的准备。

其他必需的生产准备。

（二）建筑施工

建筑施工是指具有一定生产经验和劳动技能的劳动者，通过必要的施工机具，对各种建筑材料（包括成品或半成品），按一定要求，有目的地进行搬运、加工、成型和安装，生产出质量合格的建筑产品的整个活动过程，是将计划和施工图变为实物的过程。施工之前要认真做好图纸会审工作，施工中要严格按照施工图和图纸会审记录施工，如须变动，应取得建设单位和设计单位的同意；施工前应编制施工图预算和施工组织设计，明确投资、进度、质量的控制要求并被批准认可；施工中应严格执行有关的施工标准和规范，确保工程质量，按合同规定的内容完成施工任务。

施工过程要按照一定的科学程序进行，先后完成地基与基础、主体结构、建筑屋面、装饰装修等分部工程的施工。

（三）竣工验收

建设项目竣工验收是由发包人、承包人和项目验收委员会，以项目批准的设计任务书和设计文件，国家或部门颁发的施工验收规范和质量检验标准为依据，按照一定的程序和手续，在项目建成并试生产合格后，对工程项目的总体进行检验和认证、综合评价和鉴定的活动。

竣工验收是建设工程的最后阶段，要求在单位工程验收合格并且工程档案资料按规定整理齐全，完成竣工报告、竣工决算等必需文件的编制后，才能向验收主管部门提出申请并组织验收。对于工业生产项目，需须经投料试车合格，形成生产能力，能正常生产出产品后才能进行验收；非工业生产项目，能正常使用后才能进行验收。

第二节　建筑产品及其生产特点

一、建筑产品的特点

与一般工业产品相比，建筑产品具有自己的特点。

（一）建筑产品的固定性

建筑产品是按照使用要求在固定地点兴建的。建筑产品的基础与作为地基的工地直接联系，因而建筑产品在建造中和建成后是不能移动的，建在哪里就在哪里发挥作用。在有些情况下，建筑产品本身就是工地不可分割的一部分，如油气田、桥梁、地铁、水库等。固定性是建筑产品与一般工业产品的最大区别。

（二）建筑产品的多样性

建筑产品一般是由设计和施工部门根据建设单位（业主）的委托，按特定的要求进行设计和施工的。由于对建筑产品的功能要求多种多样，因而建筑产品的结构、造型、空间分割、设备配置、内外装饰都有具体要求。即使功能要求相同，建筑类型相同，但由于地形、地质等自然条件不同以及交通运输、材料供应等社会条件不同，在建造时施工组织与施工方法也存在差异。建筑产品的这种多样性特点决定了建筑产品不能像一般工业产品那样进行批量生产。

（三）建筑产品体形庞大

建筑产品是生产与生活的场所，要在其内部布置各种生产与生活必需的设备与用具，因而与其他工业产品相比，建筑产品体形庞大，占有广阔的空间，排他性很强。因其体积庞大，建筑产品对城市的形成影响很大，城市必须控制建筑区位、面、层高、层数、密度等，建筑必须服从城市规划的要求。

（四）建筑产品的高值性

能够发挥投资效用的任何一项建筑产品，在其生产过程中都耗用了大量的材料、人力、机械及其他资源，不仅实物形体庞大，而且造价高昂，动辄数百万、数千万、数亿人民币，特别大的工程项目其工程造价可达数十亿、数百亿人民币。建筑产品的高值性也使其工程造价关系到各方面的重大经济利益，同时也会对宏观经济产生重大影响。根据国际经验，每套社会住宅房价为工薪阶层一年平均总收入的 6 ～ 10 倍，或相当于家庭 3 ～ 6 年的总收入。由于住宅是人们的生活必需品，因此，建筑领域是政府经常介入的一个领域，如建立公积金制度等。

二、建筑产品生产的特点

（一）建筑产品生产具有流动性

建筑产品生产的流动性有以下两层含义。

1. 由于建筑产品是在固定地点建造的，生产者和生产设备要随着建筑物建造地点的变更而流动，相应材料、附属生产加工企业、生产和生活设施也经常迁移，使建筑生产费用增加。同时由于建筑产品生产现场和规模都不固定，需求变化大，要求建筑产品生产者在生产时遵循弹性组织原则。

2. 由于建筑产品固定在工地上，与工地相连，在生产过程中，产品固定不动，人、材料、机械设备围绕着建筑产品移动，要从一个施工段转移到另一个施工段，从房屋的一个部位转移到另一个部位。许多不同的工种在同一对象上进行作业时，不可避免地会产生施工空间和时间上的矛盾。这就要求有一个周密的施工组织设计，使流动的人、机、物等互相协调配合，做到连续、均衡施工。

（二）建筑产品生产具有单件性

建筑产品的多样性决定了建筑产品生产的单件性。每项建筑产品都是按照建设单位的要求进行设计与施工的，都有其相应的功能、规模和结构特点，所以，工程内容和实物形态都具有个别性、差异性。工程所处的地区、地段不同，可增强建筑产品的差异性，同一类型的工程或标准设计，在不同的地区、季节及现场条件下，其施工准备工作、施工工艺和施工方法都不尽相同，所以，建筑产品只能是单件生产，而不能按通用定型的施工方案重复生产。这一特点就要求施工组织设计编制者考虑设计要求、工程特点、工程条件等因素，制订出可行的施工组织方案。

（三）建筑产品生产过程具有综合性

建筑产品的生产首先由勘察单位进行勘测，设计单位进行设计，再由建设单位进行施工准备、建安工程施工单位进行施工，最后经过竣工验收交付使用。所以，建安工程施工单位在生产过程中，要和业主、金融机构、设计单位、监理单位、材料供应部门、分包方等单位配合协作。由于生产过程复杂，协作单位多，它是一个特殊的生产过程，这就决定了其生产过程具有很强的综合性。

（四）建筑产品生产受外部环境影响较大

建筑产品体积庞大，不具备在室内生产的条件，一般要求露天作业，其生产受到风、霜、雨、雪、温度等气候条件的影响；建筑产品的固定性决定了其生产过程会受到工程地质、水文条件变化的影响，以及地理条件和地域资源的影响。这些外部条件对工程进度、工程质量、建造成本等都有很大影响。这一特点要求建筑产品生产者提前进行原始资料调查，制定合理的季节性施工措施、质量保证措施、安全保证措施等，科学组织施工，使生产有序进行。

（五）建筑产品生产过程具有连续性

建筑产品不像其他许多工业产品可以分解为若干部分同时生产，而必须在同一固定场地上按严格的程序连续生产，上一道工序不完成，下一道工序就不能进行。建筑产品是持续不断的劳动过程的成果，只有全部生产过程完成，才能发挥其生产能力或使用价值。一个建设工程项目从立项到投产使用要经历五个阶段，即设计前的准备阶段（包括项目的可行性研究和立项）、设计阶段、施工阶段、使用前准备阶段（包括竣工验收和试运行）和保修阶段。这是一个不可间断的、完整的周期性生产过程，所以要求在生产过程中各阶段、各环节、各项工作必须有条不紊地组织起来，在时间上不间断，空间上不脱节。要求生产过程的各项工作必须合理组织、统筹安排，遵守施工程序，按照合理的施工顺序科学地组织施工。

（六）建筑产品的生产周期长

建筑产品的体积庞大决定了建筑产品生产周期长，有的建筑项目，少则 1～2 年，多则 3～6 年，甚至 10 年以上。因此，它必须长期大量占用和消耗人力、物力和财力，要到整个生产周期完结才能出产品。故应科学地组织建筑生产，不断缩短生产周期，尽快提高投资效果。

由此可知，建筑产品与其他工业产品相比，有其独具的一系列技术经济特点。现代建筑施工已成为一项十分复杂的生产活动，这就对施工组织与管理工作提出了更高的要求，其主要表现在以下几个方面：

1. 建筑产品的固定性和其生产的流动性，构成了建筑施工中空间分布与时间排列的主要矛盾。建筑产品具有体积庞大和高值性的特点，决定了在建筑施工中要投入大量的生产要素（劳动力、材料、机具等），同时为了迅速完成施工任务，在保证材料、物资供应的前提下，最好有尽可能多的工人和机具同时进行生产。而建筑产品的固定性又决定了在建筑生产过程中，各种工人和机具只能在同一场所的不同时间或在同一时间的不同场所进行生产活动。要顺利进行施工，就必须正确处理这一主要矛盾。在编制施工组织设计时要通盘考虑，优化施工组织，合理组织平行、交叉、流水作业，使生产要素按一定的顺序、数量和比例投入，使所有的工人、机具各得其所，各尽其能，实现时间、空间的最佳利用，以达到连续、均衡施工。

2. 建筑产品具有多样性和复杂性，任何一个建筑物或建筑群的施工准备工作、施工工艺方法、施工现场布置等均不相同。因此，在编制施工组织设计时必须根据施工对象的特点和规模、地质水文、气候、机械设备、材料供应等客观条件，从运用先进技术、提高经济效益出发，做到技术和经济统一，选择合理的施工方案。

3. 建筑施工具有的生产周期长、综合性强、技术间歇性强、露天作业多、受自然条件影响大、工程性质复杂等特点进一步增加了建筑施工中矛盾的复杂性，这就要求施工组织设计要考虑全面，事先制定相应的技术、质量、安全、节约等保证措施，避免发生质量安全事故，确保安全生产。

另外，在建筑施工中，需要组织各种行业的建筑施工单位和不同工种的工人，组织数量众多的各类建筑材料、制品和构配件的生产、运输、储存及供应工作，组织各种施工机械设备的供应、维修和保养工作。同时，还要组织好施工，临时供水、供电、供热、供气以及安排生产和生活所需的各种临时设施。其间的协作配合关系十分复杂。这要求在编制施工组织设计时要照顾施工的各个方面和各个阶段的联系配合问题，合理安排资源供应，精心规划施工平面布置，合理部署施工现场，实现文明施工，降低工程成本，发挥投资效益。

针对建筑产品及其生产的特点，要求每个工程开工之前，根据工程的特点和要求，结合工程施工的条件和程序，编制出拟建工程的施工组织设计。建筑施工组织设计应按照基本建设程序和客观的施工规律的要求，从施工全局出发，研究施工过程中带有全局性的问题。施工组织设计包括确定开工前的各项准备工作，选择施工方案，安排劳动力和各种技术物资的组织与供应，安排施工进度以及规划和布置现场等。

第三节 建筑施工组织设计与组织施工原则

一、工程施工组织设计

（一）单位工程施工组织设计编制程序

单位工程施工组织设计是由工程项目经理部编制的，用以指导施工全过程施工活动的技术、经济文件。它是施工前的一项重要准备工作，也是施工企业实现生产科学管理的重要手段。

在实际工作中，单位工程施工组织设计根据其用途可以分为两类：一类是用于施工单位投标的单位工程施工组织设计，另一类用于指导施工。前一类的目的是为了获得工程，由于时间关系和侧重点的不同，其施工方案可能较粗糙，而工程的质量、工期和单位的机械化程度、技术水平、劳动生产率等，则可能较为详细；后一类的重点在施工方案。

（二）编制依据

1. 任务

单位工程施工组织设计的任务，就是根据编制施工组织设计的基本原则、施工组织总设计和有关的原始资料，并结合实际施工条件，从整个建筑物或构筑物施工的全局出发，选择合理的施工方案，确定科学合理的各分部分项工程间的搭接、配合关系，以及设计符合施工现场情况的平面布置图，从而以最少的投入，在规定的工期内，生产出质量好、成本低的建筑产品。

2. 编制依据

（1）主管部门的批示文件及建设单位的要求，如上级主管部门或发包单位对工程的开、竣工日期，土地申请和施工执照等方面的要求，施工合同中的有关规定等。

（2）施工图纸及设计单位对施工的要求，即单位工程的全部施工图纸、会审记录和标准图等有关设计资料，对于较复杂的建筑工程还要有设备图纸和设备安装对土建施工的要求，以及设计单位对新结构、新材料、新技术和新工艺的要求。

（3）施工企业年度生产计划对该工程的安排和规定的有关指标，如进度、其他项目穿插施工的要求等。

（4）施工组织总设计或大纲对该工程的有关规定和安排。

（5）资源配备情况，如施工中需要的劳动力、施工机具和设备、材料、预制构件和加工品的供应能力和来源情况。

（6）建设单位可能提供的条件和水、电供应情况，如建设单位可能提供的临时房屋数量，水、电供应量，水压、电压能否满足施工要求等。

（7）施工现场条件和勘察资料，如施工现场的地形、地貌、地上与地下的障碍物、工程地质和水文地质、气象资料、交通运输道路及场地面积等。

（8）预算文件和国家规范等资料，工程的预算文件等提供了工程量和预算成本。国家的施工验收规范、质量规范、操作规程和有关定额是确定施工方案、编制进度计划等的主要依据。

（三）编制内容

1. 编制内容

单位工程施工组织设计的内容，根据工程性质、规模、繁简程度的不同，其内容和深广度要求不同，不强求一致，但内容必须简明扼要，使其真正能起到指导现场施工的作用。

2. 工程概况及其施工特点分析

单位工程施工组织设计中的工程概况，是对拟建工程的工程特点、地点特征和施工条件等所做的一个简要的、突出重点的文字介绍。为弥补文字叙述的不足，一般须附以拟建工程的平、立、剖面简图，图中主要注明轴线尺寸、总长、总宽、总高及层高等主要建筑尺寸。为了说明主要工程的任务量，一般还应附以主要工程一览表。

（四）施工方案设计

施工方案设计是单位工程施工组织设计的核心问题，施工方案合理与否将直接影响工程的施工效率、质量、工期和技术经济效果，因此必须引起足够重视。

1. 确定施工程序

接受任务阶段→开工前准备阶段→全面施工阶段→交工验收阶段。每一阶段都必须完成规定的工作内容。

2. 确定施工起点流向

确定施工起点流向就是确定单位工程在平面或竖向上施工开始的部位和开展的方向。对单位建筑物，如厂房按其车间、工段或跨间，分区分段地确定出在平面上的施工流向外，还须确定其层或单元在竖向上的施工流向。例如多层房屋的现场装饰工程是自下而上，还是自上而下进行。它牵涉到一系列施工活动的开展和进程，是组织施工活动的重要环节。

室内装饰工程自上而下的流水施工方案。通常是指主体结构工程封顶、做好屋面防水层后，从顶层开始，逐层往下进行。其施工流向有水平向下和垂直向下两种情况，通常采用水平向下的流向较多。

3. 确定施工顺序

（1）施工顺序是指分部分项工程施工的先后次序

合理地确定施工顺序是编制施工进度的需要。

①符合施工工艺，如预制钢筋混凝土柱的施工顺序为支模板、绑钢筋、浇混凝土，而现浇钢筋混凝土柱的施工顺序为绑钢筋、支模板、浇混凝土。

②与施工方法一致。如单层工业厂房吊装工程的施工顺序；如采用分件吊装法。

③按照施工组织的要求。如一般安排室内外装饰工程施工顺序时，可按施工组织规定的先后顺序进行。

④考虑施工安全和质量。屋面采用三毡四油防水层施工时，外墙装饰一般安排在其后进行；为了保证质量，楼梯抹面最好安排在上一层的装饰工程全部完成之后进行。

⑤考虑当地气候的影响。如冬季室内施工时，先安装玻璃，后做其他装修工程。

（2）多层混合结构居住房屋和装配式钢筋混凝土单层工业厂房的施工顺序

①多层混合结构居住房屋的施工顺序

a. 基础工程的施工顺序

基础工程阶段是指室内地坪（±0.00）以下的所有工程施工阶段。

施工顺序：挖土→做垫层→砌基础→铺设防潮层→回填土。

如果有地下障碍物、防空洞、软弱地基，须先进行处理；如有桩基础，应先进行桩基础施工；如有地下室，则在基础砌完或砌完一部分后，砌筑地下室墙，在做完防潮层后安装地下室顶板，最后回填土。

b. 主体结构工程的施工顺序

主体结构工程阶段的工作，通常包括搭脚手架、墙体砌筑、安装窗框、安预制过梁、安预制楼板、现浇卫生间楼板、雨篷和圈梁，安楼梯或现浇楼梯、安屋面板等分项工程。其中墙体砌筑与安装楼板为主导工程。现浇卫生间楼板的支模、绑筋可安排在墙体砌筑的最后一步插入，在浇筑圈梁的同时浇筑卫生间楼板。各层预制楼梯段的安装必须与砌墙和安楼板紧密配合，一般应在砌墙、安楼板的同时或相继完成。当采用现浇楼梯时，更应与楼层施工紧密配合，否则由于养护时间影响，将使后续工程不能如期进行。

c. 屋面和装饰工程的施工顺序

这个阶段具有施工内容多，劳动消耗量大，且手工操作多，需要时间长等特点。

屋面工程的施工顺序：找平层→隔气层→保温层→找平层→防水层→保护层。

对于刚性防水屋面的现浇钢筋混凝土防水层、分格缝施工应在主体结构完成后开始并尽快完成，以便为室内装饰创造条件。一般情况下，屋面工程可以和装饰工程搭接或平行施工。

d. 水暖电卫等工程的施工顺序

水暖电卫工程不同于土建工程，可以分为几个明显的施工阶段，它一般与土建工程中有关分部分项工程之间进行交叉施工，紧密配合。

在基础工程施工时，先将相应的上下水管沟和暖气管沟的垫层、管沟墙做好，然后回填土。

在主体结构施工时，应在砌砖墙或现浇钢筋混凝土楼板的同时，预留上下水管和暖气立管的孔洞、电线孔槽或预埋木砖和其他预埋件。

②在装饰工程施工前

安设相应的各种管道和电气照明用的附墙暗管、接线盒等。水暖电卫安装一般在楼地面和墙面抹灰前或后穿插施工。若电线采用明线，则应在室内粉刷后进行。

室外外网工程的施工可以安排在土建工程之前或土建工程同时进行。

（3）装配式钢筋混凝土单层工业厂房的施工顺序

装配式钢筋混凝土单层工业厂房的施工可分为基础工程、预制工程、结构安装工程、围护工程和装饰工程五个施工阶段。

①基础工程的施工顺序

基础工程的施工顺序：基坑挖土→垫层→绑筋→支基础模板→浇混凝土基础→养护→拆模→回填土。

当中、重型工业厂房建设在土质较差地区时，一般须采用桩基础，此时为缩短工期，常将打桩工程安排在准备阶段进行。

对于厂房的设备基础，由于其与厂房柱基础施工顺序不同，常常会影响到主体结构的安装方法和设备安装投入的时间，因此须根据不同情况决定。

当厂房柱基础的埋置深度设备基础埋置深度时，则采用"封闭式"施工，即厂房柱基础先施工，设备基础后施工。

②预制工程的施工顺序

单层工业厂房构件的预制方式，一般可采用加工厂预制和现场预制相结合的方法。通常对于质量较大或运输不便的大型构件，可在拟建车间现场就地预制，如柱、托架梁、屋架、吊车梁等。中小型构件可在加工厂预制，如大型屋面板等标准构件和木制品等宜在专门的加工厂预制。但在具体确定预制方案时，应结合构件技术特征、当地加工的生产能力、工期要求，以及现场施工、运输条件等因素进行技术经济分析之后确定。一般来说，预制构件的施工顺序与结构吊装方案有关。

③结构安装工程的施工顺序

结构安装施工的施工顺序取决于吊装方法。当采用分件吊装时，其顺序为第一次开行吊装柱，并进行其校正和固定，待接头混凝土强度达到设计的70%后；第二次开行吊装吊车梁、连系梁和基础梁；第三次开行吊装屋盖构件。采用综合吊装法时，其顺序为先吊装第一节间四根柱，迅速校正和临时固定，再安装吊车梁及屋盖等构件，如此依次逐个节间安装，直至整个厂房安装完毕。抗风柱的吊装可采用两种顺序，一是在吊装柱的同时先安装同跨一端抗风柱，另一端则在屋盖吊装完毕后进行；二是全部抗风性的吊装均待屋盖吊装完毕后进行。

④围护工程的施工顺序

围护工程阶段的施工包括内外墙体砌筑、搭脚手架、安装门窗框和屋面工程等。在厂房结构安装工程结束后，或安装完一部分区段后即可开始内外墙砌筑工程的分段施工。此时，不同的分项工程之间可组织立体交叉平行流水施工，砌筑一完，即开始屋面施工。

⑤装饰工程的施工顺序

装饰工程的施工分为室内装饰（地面的整平、垫层、面层，门窗扇安装、玻璃安装、油漆、刷白等）和室外装饰（勾缝、抹灰、勒脚、散水坡等）。

一般单层厂房的装饰工程与其他施工过程穿插进行。地面工程应在设备基础、墙体工程完成了一部分和转入地下的管道及电缆或管道沟完成之后随即进行，或视具体情况穿插进行，钢门窗安装一般与砌筑工程穿插进行，或在砌筑工程完成后进行，视具体条件而定。门窗油漆可在内墙刷白后进行，也可与设备安装同时进行，刷白应在墙面干燥和大型屋面板灌缝后进行，并在油漆开始前结束。

4. 选择施工方法和施工机械

选择施工方法和施工机械是施工方案中的关键问题，它直接影响施工进度、施工质量和安全，以及工程成本。编制施工组织设计时，必须根据工程的建筑结构、抗震要求、工程量的大小、工期长短、资源供应情况、施工现场的条件和周围环境，制订出可行方案，并且进行技术经济比较，确定出最优方案。

（1）选择施工方法

选择施工方法时，应着重考虑影响整个单位工程施工的分部分项工程如工程量大的，且在单位工程中占重要地位的分部（分项）工程，施工技术复杂或采用新技术、新工艺及对工程质量起关键作用的分部（分项）工程和不熟悉的特殊结构工程或由专业施工单位施工的特殊专业工程的施工方法，而对于按照常规做法和工人熟悉的分项工程，则不必详细拟定，只要提出应注意的特殊问题即可。

（2）选择施工机械

选择施工方法必然涉及施工机械的选择问题。机械化施工是改变建筑工业生产落后面貌，实现建筑工业化的基础，因此施工机械的选择是施工方法选择的中心环节。

（3）施工方案的技术经济评价

对施工方案进行技术经济评价是选择最优施工方案的重要环节之一。因为任何一个分部（分项）工程，都有几个可行的施工方案，而施工方案的技术经济评价的目的就是对每一分部（分项）工程的施工方案进行筛选，选出一个工期短、质量好、材料省、劳动力安排合理、工程成本低的最优方案。

施工方案的技术经济评价涉及的因素多而复杂，一般只须对一些主要分部工程的施工方案进行技术经济比较，当然有时也须对一些重大工程项目的总体施工方案进行全面的技术经济评价。

（五）单位工程施工平面布置图

1. 单位工程施工平面图设计的依据

（1）与工程有关的设计资料，如标有现场的一切已建和拟建建筑物、构筑物的地形、地貌的建筑总平面图，现场原有的地下管网图，土方调配图。

（2）现场可利用的建筑设施、场地、道路、水源、电源、通信源等条件。

（3）环境对施工的限制条件，施工现场周围的建筑物和构筑物的影响，交通运输条件，以及对施工现场的废气、废液、废物、噪声和环境卫生的特殊要求。

（4）施工组织设计资料施工方案、进度计划、资源需要量计划等，以确定各种施工机械、材料和构件堆场、施工人员办公和生活用房的位置、面积和相互关系。

2. 单位工程施工平面图设计的内容

（1）施工现场内已建和拟建的地上和地下的一切建筑物、构筑物及其他设施。

（2）塔式起重机的位置、运行轨道，施工电梯或井架的位置，混凝土和砂浆搅拌站的位置。

（3）测量轴线及定位线标志，测量放线桩和永久水准点的位置。

（4）为施工服务的一切临时设施的位置和面积。

3. 单位工程施工平面图设计的基本原则

（1）在满足施工的条件下，平面布置要力求紧凑，尽可能减少施工用地。

（2）在保证施工顺利进行的前提下，尽可能减少临时设施，减少施工用临时管线。

（3）最大限度地缩短场内运输，减少场内材料、构件的二次搬运；各种材料、构件应按计划分期分批进场，以充分利用场地；材料、构件的堆场应尽可能靠近使用地点和垂直运输机械的位置，以减少劳动力和材料运转中的消耗。

（4）临时设施的位置，应有利于施工管理和工人的生产、生活。如办公室应靠近施工现场，生活福利设施最好能与施工区分开。

（5）施工平面布置要符合劳动保护、技术安全和消防的要求。例如施工现场的灰浆池和沥青锅应布置在生活区的下风，木工棚和易燃物品仓库也应远离生活区，且要注意防火。

二、组织施工的基本原则

安装工程施工与土建工程有着密切的联系。安装工程是介于土建工程与生产之间的一项重要工程，是土建工程结束或基本结束后与生产开始前的一项复杂而精致的工程。

（一）保证按期完成施工任务，严格遵守国家或工程合同规定的建设工程

竣工或交付使用的期限

组织施工的根本目的在于把拟建工程迅速建成，使之保证质量和尽早交付生产或使用。总工期较长的建设项目，应根据生产的需要和各生产作业线间的相互依存及相互制约的关系，对工程做网络计划分析，从而找出关键所在和各单位工程之间的有机联系，为安排年度计划和施工作业计划提供科学依据。一旦承担了施工任务，就应按工期的要求，根据施工的具体情况，做好各项施工准备工作，组织好人力、材料、施工机械设备等，并做好地施工的全面控制，以确保按期完成施工任务。

（二）合理安排施工程序

工程施工有其自身的客观规律，按照合理的施工程序组织施工，就能保证各项施工活动相互促进，紧密衔接，避免不必要的返工或混乱，对加快施工速度、缩短工期等具有十分重要的作用。

虽然工程施工程序随工程性质、施工条件和使用要求等有所不同，但是大量工程实践证明，在安排施工程序时，通常应考虑以下几点。

1. 及时完成施工的准备工作，为正式施工创造良好的条件

没有做好必要的施工、生产及生活的准备就贸然动工，必然会造成施工现场混乱、前方和后方失调、返工浪费或窝工等不应有的损失。如大型设备的水平运输和垂直吊装，其运输道路可能涉及桥涵、空间通过性及道路的转弯半径、路基承载能力以及施工机械的调度配合、检测技术等多方面的问题。施工前必须通盘考虑。不单要考虑设备本身的运输和吊装问题，而且要考虑邻近工程的开、竣工时间以及可能造成的障碍和损失的有关问题，还要考虑施工的季节或时间问题等。只有将施工的有关问题一一考虑周全，并做出了设计、计划，才可动工。当然，正式施工也不是要求把所有的准备工作都做好再开始，只要把施工准备工作做到基本上满足开工要求即可开工，而大量的有关作业条件的施工准备工作还要在开工后，视施工的需要而不断地完成。

2. 在施工时应先进行全场性公用工程，然后再进行其他一些工程的施工

所谓全场性工程是指涉及全工地的平整场地、修筑道路、铺电缆，安装水、电、气管网等。在施工初期完成这些工程，有利于工地内部各局部工程的运输、设备的堆放、组装、给排水和施工用电等。在安排道路、管线施工程序时，一般宜先场外，后场内；场外由远至近，场内先主干、后分支；地下工程要先深后浅；室内、室外工程要考虑季节、天气等，统筹安排，条件允许时，应先进行室外工程，后进行室内工程。

3. 在化工装置或其他的工业设备及装置群施工中

施工程序既要考虑各局部工程在时间上的搭接和配合，又要考虑平面和空间场地的合理利用。合理利用空间场地问题，实际上是解决施工流向问题。施工流向必须根据生产需要，既能保证工程质量，又有利于缩短工期的要求来决定。在决定施工流向后，应统筹安

排各工种开展的顺序，解决它们在时间上的搭接和配合问题，使它们的施工既有利于保证质量，又有利于相互之间的创造条件，达到充分利用工作面和争取时间的目的。在安排这类工程的施工程序时，一般先进行地下隐蔽工程，后进行地面工程。在进行地下隐蔽工程时，应先进行深处工程，然后再进行浅层管线的敷设。在安装地面塔罐等设备时，应先安装重、高、大型骨干设备，后安装小型、管廊、辅助和配套设备等。因大型设备对运输、组装、试验等的场地有着特殊的要求，在吊装过程中使用大型设备，占用着较大的空间。如使用桅杆式起重机械进行吊装时，配用的卷扬机多、缆风绳也多，几乎在吊装高度四五倍的平面上布置着施工机具。所以，首先进行大型设备安装，不然会影响整个工程的进行。

4. 可供施工时使用的永久性建筑

如铁路、仓库、宿舍、办公房屋、饭厅等，可以优先建造，能减少暂设工程，节约投资。

（三）组织流水施工

采用流水施工方法组织施工，能使施工连续、均衡和有节奏地进行，能合理使用人力、物力和财力，多快好省地完成建设任务。施工中，应尽量采用。

（四）安排好冬、雨季施工项目，增加全年的施工日数，提高施工的连续性和均衡性

工程施工受季节和气候影响大。我国东北、西北冬季严寒；南方虽处温带，但春雨较多、夏日炎热、秋雨连绵。这些情况都不利于施工的进行，因此在安排施工进度计划时，应注意季节性特点，把受气候影响较小的工程安排在冬季、雨季或夏季；把一些辅助性或附属工程予以适当的穿插；还应安排一些后备项目作为施工中的转移项目等。这样，可使施工中各专业机构、各工程的工人和施工机械等能够不间断地、有次序地进行施工，不但能增加全年的施工日数，而且能使施工对象的转移变得容易和迅速，从而为加强施工的连续性、均衡性和节奏性创造了条件。在施工组织中，如果不通盘考虑、注意气候和季节特点地去安排任务，一方面会使施工断断续续，导致人工或机械得不到合理充分的利用；另一方面在工期即将到来之前，势必出现突击赶工，增加资源负荷，造成工人劳动过分紧张，导致工程质量降低、安全事故增多、材料浪费和工程成本增加等不良后果。

（五）充分利用机械，扩大机械化施工范围，提高机械化程度，减轻劳动强度，提高劳动生产率

工程施工中以机械代替手工劳动，特别是设备的装卸、运输、吊装等繁重劳动的施工过程实现机械化，并且实行一般设备都组装好以后，才进行整体安装就位的工艺过程，可以大大减轻劳动强度，对保证工程质量，提高劳动生产率具有重要意义。

机械化施工通常分局部机械化施工和全盘机械化施工两种类型。局部机械化施工包括机械化施工和半机械化施工。机械化施工是指某一工种工程的主要工序或几个工序是使用由动力装置、传动装置和工作装置三个部分组成的机械或联动机构来完成的。半机械化施工是指某一工种工程的施工使用不具有动力装置的施工机械，仍然由人力等推动或转动的施工机械来完成的施工。全盘机械化施工，也称综合机械化施工，是指一个工种工程的全部工序基本上都用施工机械来完成的施工。当采用机械化施工方

（六）采用先进施工技术，选择合理的施工方案，确保施工安全，降低工程成本

先进的施工技术是提高劳动生产率、改善工程质量、加快施工进度和降低工程成本的重要源泉，因此在组织施工时，必须根据施工的具体条件，广泛采用国内外先进的施工技术，吸取成功的经验和方法。

选择施工方案如何，在很大程度上决定着施工组织的水平。在选择施工方案时，必须在多方案技术经济比较的基础上，择优选择合理的施工方案，使方案具有技术的先进性和经济的合理性，能保证工程质量和安全生产。

（七）合理布置施工平面，减少施工用临时设施，节约施工用地

施工用临时设施，在施工结束后就要拆除，因此必须注意减少暂设工程和临时设施的数量，以便节约投资和用地。为此，可以采取以下措施：

1. 尽量利用原有及已建房屋和构筑物，满足施工生产和生活的需要。

2. 安排施工顺序时，应当把那些能够为施工服务的房屋、车间、道路、水、电、气管网等，优先提前施工，以便后续施工中能够使用。

3. 尽可能使用便于移动、装拆的房屋和施工机械。

4. 合理组织材料、设备供应，减少库存量，把仓库、堆场的面积压缩到最低限度；运输费用在设备安装工程费用中一般占10%左右，在组织施工时，应尽量利用当地资源，减少物资运输量。在运输材料或设备时，应根据当地条件，合理选择运输工具和方式，降低运输费用。

减少暂设工程数量，减少物资运输量，不仅可以节约工程投资、节约施工用地，而且可以减少施工准备工作，从而能缩短施工工期，所以在组织施工时，应充分利用时间和空间，合理布置施工平面，节约施工用地。

第八章　建筑工程施工管理

第一节　施工进度管理

一、施工进度管理概述

（一）施工进度管理的含义

施工进度管理指为实现预定的进度目标而进行的计划、组织、指挥、协调和控制等活动。施工进度管理的内容主要包括：根据限定的工期确定进度目标；编制施工进度计划；在进度计划实施过程中，及时检查实际施工进度，并与计划进度进行比较，分析实际进度与计划进度是否相符。若出现偏差，则分析产生的原因及对后续工作和工期的影响程度，并及时调整，直至工程竣工验收。

（二）施工进度管理程序

施工进度管理是一个动态的循环过程，主要包括施工进度目标的确定，施工进度计划的编制和施工进度计划的跟踪、检查、调整等内容。

（三）施工进度影响因素分析

要想有效地控制施工进度，就必须对影响施工进度的因素进行全面分析和预测。这样，一方面可以促进对有利因素的充分利用和对不利因素的妥善预防；另一方面也便于事先制定预防措施，事中采取有效对策，事后进行妥善补救，以缩小实际进度与计划进度的偏差，实现对建设工程施工进度的主动控制和动态控制。

二、施工进度计划的实施与检查

（一）施工进度计划的实施

在施工进度计划实施过程中，为保证各阶段进度目标和总进度目标的顺利实现，应做好以下工作。

1. 施工进度计划应满足工程施工的需要

为进一步实施施工进度计划，施工单位在施工开始前和施工中应及时编制本月（旬）的作业计划，该实施计划在编制时应结合当前的具体施工情况，从而使施工进度计划更具体、更切合实际、更加可行。此外，施工项目的完成需要人员、材料、机具、设备等诸多资源的及时配合。应注意考虑主要资源的优化配置，使其既满足施工要求，又降低施工成本。

2. 实行计划层层交底，按要求签发施工任务书，保证逐层落实

在施工进度计划实施前，根据任务书、进度计划文件的要求进行逐层交底落实，使有关人员明确各项计划的目标、任务、实施方案、预控措施、开始日期、结束日期、有关保证条件、协作配合要求等，使项目管理层和作业层协调一致，保证施工有计划、有步骤、连续均衡地进行。

3. 做好施工记录，掌握现场实际情况

在工程施工过程中，对于施工总进度计划、单位工程施工进度计划、分部工程施工进度计划等各级进度计划都要做好跟踪记录，如实记录每项工作的开始日期、工作进程和完成日期，记录每日完成数量、影响施工进度的因素等，以便为进度计划的检查、分析、调整等提供基础资料。

4. 预测干扰因素，采取预控措施

在项目实施前和实施过程中，应经常根据所掌握的各种数据资料，对可能会导致施工进度计划出现偏差的因素进行预测，并积极采取措施予以规避，保证施工进度计划的正常进行。

（二）施工进度计划的检查

在工程项目实施过程中，施工进度管理人员应经常性地、定期地检查实际进度情况，收集实际进度资料，并进行实际进度与计划进度的对比。主要内容如下：

1. 跟踪检查施工实际进度

进度计划检查按时间可划分为定期检查和不定期检查。定期检查包括按规定的年、季、月、旬、周、日检查。不定期检查指根据需要由检查人确定的专题或专项检查。检查内容应包括工程量的完成情况、工作时间的执行情况、资源使用及与进度的匹配情况、上次检查提出问题的整改情况等内容。检查方式一般采用收集进度报表、定期召开进度工作

汇报会或现场实地检查工程进展情况等。

2. 整理统计检查数据

将收集到的实际进度数据进行必要的加工处理，以形成与计划进度具有可比性的数据。例如，对检查时段实际完成工作量的进度数据进行整理、统计和分析，确定本期累计完成的工作量、本期已完成的工作量占计划总工作量的百分比等。

3. 将实际进度数据与计划进度数据进行对比分析

将实际进度数据与计划进度数据进行比较，可以确定建设工程实际执行状况与计划目标之间的差距。通常采用的比较方法有横道图比较法、S 曲线比较法、香蕉曲线比较法、前锋线比较法等。通过比较得出有实际进度与计划进度相一致、超前和拖后三种情况。

4. 施工项目进度检查结果的处理

对施工进度检查的结果要形成进度报告。进度报告的内容包括：进度执行情况的综合描述，实际进度与计划进度的对比资料，进度计划的实施问题及原因分析，进度执行情况对质量、安全和成本等的影响情况，采取的措施和对未来计划进度的预测等内容。

三、施工进度计划的比较方法

（一）横道图比较法

横道图比较法指将项目实施过程中检查实际进度收集到的数据，经加工整理后直接用横道线平行绘制于原计划的横道线处，进行实际进度与计划进度比较的方法。通常，上方的线条表示计划进度，下方的线条表示实际进度。采用横道图比较法，可以形象、直观地反映实际进度与计划进度相比提前或延后的天数。

（二）S 曲线比较法

S 曲线比较法是以横坐标表示时间，纵坐标表示累计完成任务量，绘制一条按计划时间累计完成任务量的 S 曲线；然后将工程项目实施过程中实际累计完成任务量的 S 曲线也绘制在同一坐标系中，进行实际进度与计划进度比较的一种方法。

（三）香蕉曲线比较法

对于一个工程项目，根据其计划实施过程中时间与累计完成任务百分比的关系可以用 S 曲线表示。在网络计划中，每项工作的开始时间又分为最早开始时间和最迟开始时间，可以据此分别绘制 S 曲线。以各项工作的最早开始时间安排进度而绘制的曲线，称为 ES 曲线；以各项工作的最迟开始时间安排进度而绘制的曲线，称为 LS 曲线。两条 S 曲线都是从计划的开始时刻开始和完成时刻结束，因此两条曲线是闭合的。其余时刻 ES 曲线上的各点均落在 LS 曲线相应点的左侧，由于该闭合曲线形似"香蕉"，所以称为香蕉曲线。

一个科学合理的进度计划 S 曲线应处于香蕉曲线包围的区域之内。

（四）前锋线比较法

前锋线指在原时标网络计划上，从检查时刻的时标点出发，用点画线依次将各项工作实际进展位置点连接而成的折线。前锋线比较法就是通过实际进度前锋线与计划进度中各工作箭线交点的位置来判断工作实际进度与计划进度的偏差，进而判定该偏差对后续工作及总工期影响程度的一种方法。

四、施工进度计划的调整

当实际进度偏差影响到后续工作、总工期而需要调整进度计划时，其调整方法主要有两种：一种是改变某些工作间的逻辑关系，另一种是缩短某些工作的持续时间。

（一）改变某些工作间的逻辑关系

当工程项目实施中产生的进度偏差影响到总工期，且有关工作的逻辑关系允许改变时，可以改变关键线路和超过计划工期的非关键线路上的有关工作之间的逻辑关系，达到缩短工期的目的。例如，将顺序进行的工作改为平行作业、搭接作业以及分段组织流水作业等，都可以有效地缩短工期。

（二）缩短某些工作的持续时间

该种方法是在不改变工程项目中各项工作之间逻辑关系的基础上，通过采取增加资源投入、提高劳动效率等措施来缩短某些工作的持续时间，这些被压缩持续时间的工作应是位于关键线路或超过计划工期的非关键线路上的工作，以保证按计划工期完成该工程项目。

1. 调整方法

采用缩短某些工作的持续时间进行施工进度的调整时，通常在网络图上直接进行，一般分为以下三种情况。

（1）网络计划中某项工作进度拖延的时间已超过其自由时差但未超过其总时差

在此种情况下，该工作进度的拖延不会影响总工期，只是对其后续工作产生影响。因此，需要首先确定其后续工作允许拖延的时间限制条件，并以此为条件进行调整。

当后续工作拖延的时间无限制条件，则可将拖延后的时间参数代入原计划，绘制出未实施部分的进度计划，即得到调整方案。

（2）网络计划中某项工作进度拖延的时间超过其总时差

在此种情况下，无论该工作是否为关键工作，其实际进度都将对后续工作和总工期产生影响。此时，进度计划的调整方法又可分为以下三种情况：

①如果项目总工期不允许拖延，工程项目必须按照原计划工期完成，则只能采取缩短关键线路上后续工作持续时间的方法来调整进度计划。

②如果项目总工期允许拖延，则只须以实际数据取代原计划数据，并重新绘制实际进度检查日期之后的网络计划即可。

③如果项目总工期允许拖延，但允许拖延的时间有限，则应当以总工期的限制时间作为规定工期，对检查日期之后尚未实施的网络计划进行工期优化，即通过缩短关键线路上后续工作持续时间的方法使总工期满足规定工期的要求。

（3）网络计划中某项工作进度超前

在进度计划执行过程中，工作进度的超前也会造成控制目标的失控。例如，会致使资源的需求发生变化，而打乱了原计划对人、财、物等资源的合理安排，从而须进一步调整资金使用计划，如果后期由多个平行的承包单位进行施工时，则势必会打乱各承包单位的进度计划，还会引起相应合同条款的调整等。因此，如果实施过程中出现进度超前的情况，进度控制人员必须综合分析进度超前对后续工作产生的影响，提出合理的进度调整方案，确保工期目标顺利实现。

2. 调整措施

具体措施包括：

（1）组织措施

①增加工作面，组织更多的施工队伍。

②增加每天的施工时间，如采用三班制等。

③增加劳动力和施工机械的数量。

（2）技术措施

①改进施工工艺和施工技术，缩短工艺技术间歇时间。

②采用更先进的施工方法，以减少施工过程的数量。

③采用更先进的施工机械。

（3）经济措施

①实行包干奖励。

②提高奖金数额。

③对所采取的技术措施给予相应的经济补偿。

（4）其他配套措施

①改善外部配合条件。

②改善劳动条件。

③实施强有力的调度等。

一般来说，不管采取哪种措施，都会增加费用。因此，在调整施工进度计划时，应利用费用优化的原理选择费用增加量最小的关键工作作为压缩对象。

第二节　施工质量管理

一、施工阶段的质量控制

（一）施工质量控制概述

1. 施工质量控制的目标

施工质量控制的总体目标是贯彻执行建设工程质量法规和标准，正确配置生产要素和采用科学管理的方法，实现工程项目预期的使用功能和质量标准。

2. 施工质量控制的依据

施工质量控制的依据包括：工程合同文件、设计文件、国家及政府有关部门颁布的有关质量管理方面的法律法规性文件、有关质量检验与控制的专门技术法规性文件。

3. 施工质量控制的阶段划分及内容

（1）施工准备质量控制是指工程项目开工前的全面施工准备和施工过程中各分部分项工程施工作业准备的质量控制。

（2）施工过程质量控制是指施工作业技术活动的投入与产出过程的质量控制，其内涵包括全过程施工生产及其中各分部分项工程的施工作业过程。

（3）施工验收质量控制是指对已完工工程验收时的质量控制，即工程产品的质量控制。

4. 施工质量控制的工作程序

（1）在每项工程开始前，承包单位必须做好施工准备工作，然后填报工程开工报审表，附上该项工程的开工报告、施工方案以及施工进度计划等，报送监理工程师审查。若审查合格，则由总监理工程师批复准予施工。否则，承包单位应进一步做好施工准备，待条件具备时，再次填报开工申请。

（2）在每道工序完成后，承包单位应进行自检，自检合格后，填报报验申请表交监理工程师检验。监理工程师收到检查申请后应在规定的时间内到现场检验，检验合格后予以确认。只有上一道工序被确认质量合格后，方能准许下道工序施工。

（3）当一个检验批、分项、分部工程完成后，承包单位首先对检验批、分项、分部工程进行自检，填写相应质量验收记录表，确认工程质量符合要求，然后向监理工程师提交报验申请表附上自检的相关资料，经监理工程师现场检查及对相关资料审核后，符合要求予以签认验收。反之，则指令承包单位进行整改或返工处理。

（4）在施工质量验收过程中，涉及结构安全的试块、试件以及有关材料，应按规定进行见证取样检测；对涉及结构安全和使用功能的重要分部工程，应进行抽样检测。承担见证取样检测及有关结构安全检测的单位应具有相应资质。

（5）通过返修或加固处理仍不能满足安全使用要求的分部工程、单位工程严禁验收。

5. 质量控制的原理过程

（1）确定控制对象，例如一个检验批、一道工序、一个分项工程、安装过程等。

（2）规定控制标准，即详细说明控制对象应达到的质量要求。

（3）制定具体的控制方法，例如工艺规程、控制用图表等。

（4）明确所采用的检验方法，包括检验手段。

（5）实际进行检验。

（6）分析实测数据与标准之间差异的原因。

（7）解决差异所采取的措施、方法。

（二）施工准备的质量控制

1. 施工承包单位资质的核查

（1）施工承包单位资质的分类

施工承包企业按照其承包工程能力，划分为施工总承包、专业承包和劳务分包三个序列。施工总承包企业的资质按专业类别共分为12个资质类别，每一个资质类别又分成特、一、二、三级。专业承包企业资质按专业类别共分为60个资质类别，每一个资质类别又分为一、二、三级。劳务承包企业有13个资质类别，有的资质类别分成若干级，如木工、砌筑、钢筋作业。劳务分包企业资质分为一级、二级，有的则不分级，如油漆、架线等作业。劳务分包企业则不分级。

（2）招投标阶段对承包单位资质的审查

根据工程类型、规模和特点，确定参与投标企业的资质等级。对符合投标的企业查对营业执照、企业资质证书、企业年检情况、资质升降级情况等。

（3）对中标进场的企业质量管理体系的核查

了解企业贯彻质量、环境、安全认证情况以及质量管理机构落实情况。

2. 施工质量计划的编制与审查

（1）质量计划是质量管理体系文件的组成内容。在合同环境下质量计划是企业向顾客表明质量管理方针、目标及其具体实现的方法、手段和措施，体现企业对质量责任的承诺和实施的具体步骤。

（2）施工质量计划的编制主体是施工承包企业。审查主体是监理机构。

（3）目前我国工程项目施工质量计划常用施工组织设计或施工项目管理实施规划的形式进行编制。

（4）施工质量计划编制完毕，应经企业技术领导审核批准，并按施工承包合同的约定提交工程监理或建设单位批准确认后执行。

由于施工组织设计已包含了质量计划的主要内容，因此，对施工组织设计的审查就包括了对质量计划的审查。

3. 现场施工准备的质量控制

现场施工准备的质量控制包括工程定位及标高基准的控制、施工平面布置的控制、现场临时设施控制等。

4. 施工材料、构配件订货的控制

（1）凡由承包单位负责采购的材料或构配件，应按有关标准和设计要求采购订货，在采购订货前应向监理工程师申报，监理工程师应提出明确的质量检测项目、标准以及对出厂合格证等质量文件的要求。

（2）供货厂方应向需方提供质量文件，用以表明其提供的货物能够达到需方提出的质量要求。质量文件主要包括：产品合格证及技术说明书、质量检验证明、检测与试验者的资质证明、关键工序操作人员资格证明及操作记录、不合格品或质量问题处理的说明及证明、有关图纸及技术资料，必要时，还应附有权威性认证资料。

5. 施工机械配置的控制

施工机械设备的选择，除应考虑施工机械的技术性能、工作效率、工作质量、可靠性及维修难易性，以及安全、灵活等方面对施工质量的影响与保证外，还应考虑其数量配置对施工质量的影响与保证条件。

6. 施工图纸的现场核对

施工承包单位应做好施工图纸的现场核对工作，对于存在的问题，承包单位以书面形式提出，在设计单位以书面形式进行确认后，才能施工。

7. 严把开工关

经监理工程师审查具备开工条件并由总监理工程师予以批准后，承包单位才能开始正式进行施工。

（三）施工过程质量控制

1. 施工作业过程的质量预控

工程质量预控，就是针对所设置的质量控制点或分部分项工程，事先分析在施工中可能发生的质量问题和隐患，分析可能的原因，并提出相应的对策，制定对策表，采取有效的措施进行预先控制，以防止在施工中发生质量问题。

（1）确定工序质量控制计划，监控工序活动条件及成果

工序质量控制计划是以完善的质量体系和质量检查制度为基础的。工序质量控制计划要明确规定质量监控的工作流程和质量检查制度，作为监理单位和施工单位共同遵循

的准则。

（2）设置工序活动的质量控制点

质量控制点是指为了保证工序质量而确定的重点控制对象、关键部位或薄弱环节。承包单位在工程施工前应根据施工过程质量控制的要求，列出质量控制点明细表，表中详细地列出各质量控制点的名称或控制内容、检验标准及方法等，提交监理工程师审查批准后，在此基础上实施质量预控。

（3）作业技术交底的控制

作业技术交底是对施工组织设计或施工方案的具体化，是更细致、明确、具体的技术实施方案，是工序施工或分项工程施工的具体指导文件。每一分项工程开始实施前均要进行交底。技术负责人按照设计图纸、施工组织设计，编制技术交底书，并经项目总工程师批准，向施工人员交清工程特点、施工工艺方法、质量要求和验收标准，施工过程中须注意的问题，可能出现意外的措施及应急方案。交底中要明确做什么、谁来做、如何做、作业标准和要求、什么时间完成等。

（4）进场材料、构配件的质量控制

①凡运到施工现场的原材料或构配件，进场前应向监理机构提交工程材料、构配件报审表，同时附有产品出厂合格证及技术说明书，由施工承包单位按规定要求进行检验的检验试验报告，经监理工程师审查并确认其质量合格后，方准进场。如果监理工程师认为承包单位提交的有关产品合格证明文件以及检验试验报告，不足以说明到场产品的质量符合要求时，监理工程师可再行组织复检或见证取样试验，确认其质量合格后方允许进场。

②进口材料的检查、验收，应会同国家商检部门进行。

③材料、构配件的存放，应安排适宜的存放条件及时间，并且应实行监控。例如，对水泥的存放应当防止受潮，存放时间一般不宜超过三个月，以免受潮结块。

④对于某些当地材料及现场配制的制品，一般要求承包单位事先进行试验，达到要求的标准方可使用。

（5）环境状态的控制

环境状态包括水电供应、交通运输等施工作业环境，施工质量管理环境，施工现场劳动组织及作业人员上岗资格，施工机械设备性能及工作状态环境，施工测量及计量器具性能状态，现场自然条件环境等。施工单位应做好充分准备和妥当安排，监理工程师检查确认其准备可靠、状态良好、有效后，方准许其进行施工。

2. 施工作业过程质量的实时监控

（1）承包单位的自检系统与监理工程师的检查

承包单位是施工质量的直接实施者和责任者，其自检系统表现在以下几点：

①作业活动的作业者在作业结束后必须自检；

②不同工序交接、转换必须由相关人员交接检查；

③承包单位专职质检员的专检。

为实现上述三点，承包单位必须有整套的制度及工作程序仪器，配备数量满足需要的专职质检人员及试验检测人员。

（2）施工作业技术复核工作与监控

凡涉及施工作业技术活动基准和依据的技术工作，都应该严格进行专人负责的复核性检查，以避免基准失误给整个工程质量带来难以补救的或全局性的危害。例如工程的定位、轴线、标高，预留空洞的位置和尺寸等。技术复核是承包单位应履行的技术工作责任，其复核结果应报送监理工程师复验确认后，才能进行后续相关的施工。

（3）见证取样、送检工作及其监控

见证是指由监理工程师现场监督承包单位某工序全过程完成情况的活动。见证取样是指对工程项目使用的材料、构配件的现场取样、工序活动效果的检查实施见证。

（4）见证点的实施控制

见证点是国际上对于重要程度不同及监督控制要求不同的质量控制点的一种区分方式。凡是被列为见证点的质量控制对象，在施工前，承包单位应提前通知监理人员在约定的时间内到现场进行见证和对其施工实施监督。如果监理人员未能在约定的时间内到现场见证和监督，则承包单位有权进行该点相应工序的操作和施工。

（5）工程变更的监控

施工过程中，由于种种原因会涉及工程变更，工程变更的要求可能来自建设单位、设计单位或施工承包单位，不同情况下，工程变更的处理程序不同。但无论是哪一方提出工程变更或图纸修改，都应通过监理工程师审查并经有关方面研究，确认其必要性后，由总监理工程师发布变更指令方能生效予以实施。

（6）质量记录资料的控制

质量记录资料包括以下三方面内容：

①施工现场质量管理检查记录资料

主要包括：承包单位现场质量管理制度、质量责任制、主要专业工种操作上岗证书、分包单位资质及总包单位对分包单位的管理制度、施工图审查核对记录、施工组织设计及审批记录、工程质量检验制度等。

②工程材料质量记录

主要包括：进场材料、构配件、设备的质量证明资料，各种试验检验报告，各种合格证，设备进场维修记录或设备进场运行检验记录。

③施工过程作业活动质量记录资料

施工过程可按分项、分部、单位工程建立相应的质量记录资料。在相应质量记录资料中应包含有关图纸的图号、质量自检资料、监理工程师的验收资料、各工序作业的原始施工记录等。

3. 施工作业过程质量检查与验收

（1）基槽、基坑验收

基槽开挖质量验收主要涉及地基承载力的检查确认，地质条件的检查确认，开挖边坡的稳定及支护状况的检查确认，基槽开挖尺寸、标高等。由于部位的重要，基槽开挖验收均要有勘察设计单位的有关人员参加，并请当地或主管质量监督部门参加，经现场检测确认其地基承载力是否达到设计要求，地质条件是否与设计相符。如相符，则共同签署验收资料，否则，应采取措施进行处理，经承包单位实施完毕后重新验收。

（2）隐蔽工程验收

隐蔽工程是指将被其后续工程施工所隐蔽的分项分部工程，在隐蔽前所进行的检查验收。它是对一些已完分项、分部工程质量的最后一道检查，由于检查对象就要被其他工程覆盖，给以后的检查整改造成障碍，故显得尤为重要。

（3）工序交接验收

工序交接验收是指作业活动中一种必要的技术停顿、作业方式的转换及作业活动效果的中间确认。上道工序应满足下道工序的施工条件和要求，相关专业工序之间也是如此。通过工序间的交接验收，使各工序间和相关专业工程之间形成一个有机整体。

（4）不合格品的处理

上道工序不合格，不准进入下道工序施工，不合格的材料、构配件、半成品不准进入施工现场且不允许使用，已经进场的不合格品应及时做出标志、记录，指定专人看管，避免用错，并限期清除出现场；不合格的工序或工程产品，不予计价。

（5）成品保护

成品保护是指在施工过程中，有些分项工程已经完成，而其他一些分项工程尚在施工；或者是在其分项工程施工过程中，某些部位已完成，而其他部位正在施工。在这种情况下，承包单位必须负责对已完成部分采取妥善措施予以保护，以免因成品缺乏保护或保护不善而造成操作损坏或污染，影响工程整体质量。

4. 施工作业过程质量检验方法与检验程度的种类

（1）检验方法

对于现场所用原材料、半成品、工序过程或工程产品质量进行检验的方法，一般可分为三类，即目测法、量测法以及试验法。

（2）质量检验程度的种类

按质量检验的程度，即检验对象被检验的数量划分，有以下几类：

①全数检验

全数检验主要是用于关键工序部位或隐蔽工程，以及那些在技术规程、质量检验验收标准或设计文件中有明确规定应进行全数检验的对象。例如，对安装模板的稳定性、刚度、强度、结构物轮廓尺寸等的检验。

②抽样检验

对于主要的建筑材料、半成品或工程产品等，由于数量大，通常大多采取抽样检验。抽样检验具有检验数量少，比较经济，检验所需时间较少等优点。

③免检

免检就是在某种情况下，可以免去质量检验过程。如对于实践证明其产品质量长期稳定、质量保证资料齐全者可考虑采取免检。

（四）工程施工质量验收

1. 基本术语

（1）验收

验收是指在施工单位自行质量检查评定的基础上，参与建设的有关单位共同对检验批、分项工程、分部工程、单位工程的质量进行抽样复验，根据相关标准以书面形式对工程质量达到合格与否做出确认。

（2）检验批

检验批是指按同一的生产条件或规定的方式汇总起来供共检验用的，由一定数量样本组成的检验体。检验批是施工质量验收的最小单位，是分项工程验收的基础依据。构成一个检验批的产品，要具备以下基本条件：生产条件基本相同，包括设备、工艺过程、原材料等；产品的种类型号相同，如钢筋以同一品种、统一型号、同一炉号为一个检查批。

（3）主控项目

主控项目是指建筑工程中对安全、卫生、环境保护和公共利益起决定性作用的检验项目，如混凝土结构工程中钢筋安装时，受力钢筋的品种、级别、规格和数量必须符合设计要求。

（4）一般项目

除主控项目以外的检验项目都是一般项目，如混凝土结构工程中，钢筋的接头宜设置在受力较小处，钢筋接头末端至钢筋弯起点的距离不应小于钢筋直径的 10 倍。

（5）观感质量

观感质量是指通过观察和必要的量测所反映的工程外在质量，如装饰石材面应无色差。

（6）返修

返修是指对工程不符合标准规定的部位采取整修等措施。

（7）返工

返工是指对不合格的工程部位采取的重新制作、重新施工等措施。

（8）工程质量不合格

凡工程质量没有满足某个规定的要求，就称之为质量不合格。

2.质量验收评定标准（质量验收合格条件）

在对整个项目进行验收时，应首先评定检验批的质量，以检验批的质量评定各分项工程的质量，以各分项工程的质量来综合评定分部（子分部）工程的质量，再以分部工程的质量来综合评定单位（子单位）工程的质量，在质量评定的基础上，再与工程合同及有关文件相对照，决定项目能否验收。

3.质量验收的组织程序

（1）检验批和分项工程质量验收的组织程序

检验批和分项工程验收前，施工单位先填好"检验批和分项工程的验收记录"，并由项目专业质量检验员和项目专业技术负责人分别在检验批和分项工程质量检验记录相关栏目中签字，然后由监理工程师组织，严格按规定程序进行验收。

（2）分部（子分部）工程质量验收组织程序

分部工程应由总监理工程师（或建设单位项目负责人）组织施工单位项目负责人和技术、质量负责人等进行验收。由于地基基础、主体结构技术性能要求严格，技术性强，关系到整个工程的安全，因此，规定与地基基础、主体结构分部工程相关的勘察、设计单位工程项目负责人和施工单位技术、质量部门负责人也应参加相关分部工程验收。

（3）单位（子单位）工程质量验收组织程序

单位（子单位）工程质量验收在施工单位自评完成后，由总监理工程师组织初验收，再由建设单位组织正式验收。单位（子单位）工程质量验收记录应由施工单位填写，验收结论由监理单位填写，综合验收结论由参加验收各方共同商定，建设单位填写。

二、建筑工程质量控制的统计分析方法

（一）质量统计数据

1.质量数据的收集

数据是进行质量控制的基础，是工程项目质量监控的基本出发点。质量统计数据的收集有全数检验和抽样检验，但实际应用中，数据的产生依赖于抽样检验。

2.质量数据的特性和质量波动原因分析

（1）质量数据的特性

质量数据具有个体数值的波动性，样本或总体数据的规律性。即在实际质量检测中，个体产品质量特性数值具有互不相同性、随机性，但样本或总体数据呈现出发展变化的内在规律性。

（2）质量波动原因

质量波动也称质量变异，其影响因素分为偶然性因素和系统性因素两大类。

（二）质量控制常用统计分析方法

1. 分层法

分层法是将收集来的数据，按不同情况和不同条件分组，每组叫作一层。所以，分层法又称为分类法或分组法。分层的方法很多，可按班次、日期分类；按操作者、操作方法、检测方法分类；可按设备型号、施工方法分类；可按使用的材料规格、型号、供料单位分类等。

2. 调查表法

调查表法又称调查分析法、检查表法，是收集和整理数据用的统计表，利用这些统计表对数据进行整理，并可粗略地进行原因分析。按使用的目的不同，常用的检查表有：工序分布检查表、缺陷位置检查表、不良项目检查表、不良原因检查表等。调查表形式灵活，简便实用，与分层法结合，可更快、更好地找出问题的原因。

3. 排列图法

排列图法又叫主次因素分析图或巴雷特图。排列图法是用来寻找影响产品质量的主要因素的一种有效工具。排列图由两个纵坐标、一个横坐标、若干个直方形和一条曲线组成。其中左边的纵坐标表示频数，右边的纵坐标表示频率，横坐标表示影响质量的各种因素，若干个直方形分别表示质量影响因素的项目，直方形的高度则表示影响因素的大小程度，按大小由左向右排列。

4. 因果分析图法

因果分析图法又称特性要因图，是用来寻找质量问题产生原因的有效工具。

因果分析图的做法是：首先明确质量特性结果，绘出质量特性的主干线。也就是明确制作什么质量的因果图，把它写在右边，从左向右画上带箭头的框线。然后分析确定可以影响质量特性的大原因（大枝），一般有人、机械、材料、方法和环境五个方面。再进一步分析确定影响质量的中、小和更小原因，即画出中小细枝。

5. 相关图法

相关图法又称散点图法，它是将两个变量（两个质量特性）间的相互关系用一个直角坐标表示出来，从相关图中点子的分布状况就可以看出两个质量特性间的相互关系，以及关系的密切程度。

6. 直方图法

直方图又称为质量分布图，利用直方图可分析产品质量的波动情况，了解产品质量特征的分布规律，以及判断生产过程是否正常的有效方法。直方图还可用来估计工序不合格品率的高低、制定质量标准、确定公差范围、评价施工管理水平等。

7. 控制图法

控制图法又称管理图法，它可动态地反映质量特性随时间的变化，可以动态掌握质量状态，判断其生产过程的稳定性，从而实现其对工序质量的动态控制。

第三节　施工成本管理

一、施工项目成本组成、管理特点和原则

（一）施工项目成本组成

成本指企业生产产品和管理过程中所支出的各种费用的总和。施工项目成本是指在建设工程项目的实施过程中所发生的全部生产费用的总和，包括直接成本和间接成本。直接成本指工程施工过程中消耗的构成工程实体或有助于工程实体形成的各项费用的支出，包括人工费、材料费、施工机械使用费和施工措施费等。间接成本指为准备、组织和管理施工生产的全部费用的支出，包括管理人员的工资、办公费、差旅费等。

（二）施工项目成本管理的原则

1. 全过程成本管理

施工项目成本管理是从工程投标报价阶段开始，直至项目竣工结算完成为止，贯穿于施工项目实施的全过程。投标报价阶段是成本估算预测阶段；施工准备阶段是调整和分解项目目标成本阶段；施工阶段是成本的过程控制及实时反馈实际成本情况阶段；竣工收尾阶段是成本分析、考核和资料汇总阶段。施工企业需要在不同的项目上周而复始地不断重复这四个环节，使企业的项目成本管理水平得以螺旋式上升。

2. 可控性成本管理

项目的成本管理是成本预测、成本计划、成本控制和实施的系统管理活动。项目必须以审批的成本计划控制各项成本费用的支出，这样才能达到控制工程成本、确保成本目标顺利实现的目的。项目通过定期核算成本费用，核实各项费用支出的合理性，使项目成本始终处于受控状态。

3. 例外性成本管理

项目成本控制的内容很多，如果对每一种材料采购、设备的租赁、分包的招标都进行细致的控制，必将使项目管理人员的工作难度加大，所以，项目成本管理应在日常管理的基础上进行例外性管理，即项目管理者应注意要把主要的精力投入不正常、不符合常规的差异中，投入影响成本大的项目上，如材料消耗数量多、单价高的项目。

4. 责任性成本管理

项目部应建立以项目经理为中心的成本控制体系，以确定项目部成员的成本责任、权限及相互关系，形成全面、全过程的成本控制。将项目成本的责、权、利落实到人，提高相关人员成本管理的积极性。

5. 有效性成本管理

由于建筑产品的特点，造成施工企业承揽的众多项目分布在不同的地方，即使同一项目，项目成本也随着工程进展的变化不断发生变化，所以施工企业要了解各项目部成本管理的情况，各项目部要及时了解本项目成本管理情况，必须建立成本信息系统，实现施工企业对项目部、项目部对项目成本管理的有效控制。

二、影响施工项目施工成本的因素

（一）施工工期与施工成本的关系

在工程建设过程中，完成一项工作通常可以采取多种施工方法和组织方法，而有不同的持续时间和费用。由于一项建设工程往往包含许多费用，所以在安排工程进度计划时，就会有许多方案。方案不同，所对应的施工工期和工程成本也就不同。

（二）施工质量与施工成本的关系

1. 质量成本的概念和内容

质量成本，是指项目组织为保证和提高产品质量而支出的一切费用，以及因未达到质量标准而产生的一切损失费用之和。

2. 施工项目施工质量成本与质量等级的关系

质量成本中各项费用之间存在着一定的比例关系：

（1）当故障成本大于总成本的70%、预防成本小于总成本的10%时，工作的重点应放在研究提高质量的措施和预防上；

（2）当故障成本接近总成本的50%，工作的重点应放在维持现有的质量水平，它表明接近理想的成本控制点；

（3）当故障成本小于总成本的40%，鉴定成本大于总成本的50%时，工作的重点应放在巩固现有质量水平，减少检验程序；

（4）某些施工企业的经验表明，预防成本增加3%～5%，可使质量总成本降低30%左右。

从上述分析可知，施工质量与施工成本有着直接的关系。施工质量必须达到国家的验收标准及合同条款的要求，不能使质量超标准，也不能低于标准。

（三）施工安全与施工成本的关系

施工安全与施工成本的关系显而易见，安全生产事故灾难按照其性质、严重程度、可控性和影响范围等因素，一般分为四级：Ⅰ级（特别重大）、Ⅱ级（重大）、Ⅲ级（较大）和Ⅳ级（一般），事故造成的损失和事故处理费用对施工成本造成不同程度的影响，甚至导致项目亏损。

（四）施工方案与施工成本的关系

施工方案包括的内容很多，主要有：施工方法的确定；施工机具、设备的选择；科学的施工组织；施工顺序的安排；现场平面布置图；各种技术组织措施。前两项属于施工技术问题，后四项属于科学施工组织和管理问题。施工技术是施工方案的基础，同时又要满足科学施工组织和管理的要求，科学施工组织与管理又必须保证施工技术的实现，两方面是相互联系、相互制约的关系。为了把各种关系更好地协调起来，互相创造条件，施工技术组织措施成为施工方案各项内容必不可少的延续和补充。

（五）施工现场平面管理与施工成本的关系

施工现场是建筑产品的施工场地，是确定项目生产要素（人力、材料、机械设备、临时设施）的各自空间位置，确保项目施工过程中互不干扰、有序施工，达到各项资源与服务设施互相间的有效组合和安全运行，可提高劳动生产率，减少二次搬运费用，降低责任成本。

（六）材料、设备管理与施工成本的关系

材料、设备费占直接费的比重较大，铁路站后"四电"项目甚至达到80%左右，采购和管理的效果，对工程成本影响很大。要保证在合理的价格内完成材料、设备的采购工作，必须加强集中采购管理，对编制技术规格书、制订招标方案、编制招标文件等环节严格把关，在满足技术条件的情况下，进行多方案比较，选出既节约又保障质量的品种，降低采购成本；必须加强材料、设备的供应、管理等环节的管理，对材料、设备运输、储存、领用均考虑成本降低因素进行周密安排和加强过程管控。

三、施工项目目标成本预测

（一）成本预测的作用

1. 投标决策的依据

施工企业在选择投标项目过程中，往往需要根据项目是否盈利、利润大小等诸因素确

定是否对工程投标。这样在投标决策时就要估计项目施工成本的情况，通过与施工图预算的比较，才能分析出项目是否盈利、利润大小等。

2. 编制成本计划的基础

计划是管理的关键第一步。因此，编制可靠的计划具有十分重要的意义。但要编制出正确可靠的施工项目计划，必须遵循客观经济规律，从实际出发，对施工项目未来实施做出科学的预测。在编制成本计划之前，要在搜集、整理和分析有关施工项目成本、市场行情和施工消耗等资料基础上，对施工项目进展过程中的物价变动等情况和施工项目成本做出符合实际的预测。这样才能保证施工项目成本计划不脱离实际，切实起到控制施工项目成本的作用。

3. 成本管理的重要环节

成本预测是在分析项目施工进程中各种经济与技术要素对成本升降的影响基础上，推算其成本水平变化的趋势及其规律性，预测施工项目的实际成本。它是预测和分析的有机结合，是事后反馈与事前控制的结合。通过成本预测，有利于及时发现问题，找出施工项目成本管理中的薄弱环节，采取措施，控制成本。

（二）目标成本预测

目标成本预测可以选择某一先进成本作为目标成本，也可以根据企业施工定额编制施工预算的方式进行预测，或以企业的内控标准体系为基础进行预测。这里介绍按照内控标准预测目标成本的方法，即区别成本费用性质的不同，按照人工费、材料设备费、机械费、其他直接费、间接费、临时工程费、专业分包、不可预见费和税金九大成本费用分别预测。

（三）责任成本预算编制

责任成本预算应与成本分析预测内容相匹配，责任成本预算总额以目标成本总额为上限，同时对项目部包干使用费用内容及额度和实施过程中根据审批费用额度予以调整的费用内容予以说明。

（四）责任成本分解

1. 成本责任中心和成本核算单元的划分

成本责任中心和成本核算单元划分的合理性是做好责任成本分解的关键。项目经理部根据成本费用发生（产生）的根源不同，按照"谁控制、谁承担、谁负责"的原则，将参与项目施工管理的各要素部门、作业层或个人，划分为若干个成本责任中心；根据各成本责任中心负担的成本费用性质，划分为若干个成本核算单元。

2. 责任成本分解

由项目部根据各成本责任中心的责任范围和责任内容，按照可控性原则，以公司审批的责任成本预算为基础实施责任成本分解。

各成本责任中心可根据管理的要求，以其所承担的责任成本对其下属成本责任单元进行二次分解，但不得超出其承担的责任成本限额。

（五）责任成本调整

施工项目责任成本下达后原则上不予调整。

由于客观原因影响，造成施工项目成本有重大变化，确须调整的，项目部应对拟调整项目或费用进行详细的分析和预测，按审批原则执行。

（六）成本计划管理

责任成本计划是实施责任成本管控及成本动态变化对比分析的基础。责任成本计划应与进度计划匹配，按责任成本预算的编制方法编制。

1. 责任成本总计划

根据项目总体施工组织设计和进度要求，按照责任成本预算的编制深度，编制项目部和各成本责任中心总成本计划和年度成本计划。

2. 责任成本季度计划

根据季度进度计划和责任成本内控标准编制责任成本季度计划。责任成本季度计划编制的深度到各成本责任中心和成本核算单元，与责任成本分解深度、责任范围、责任内容及成本费用的组成一致。

四、项目成本管理与项目成本控制

（一）项目成本管理与项目成本控制

成本控制是指有组织有计划地对生产和施工管理过程中的各种消耗费进行事先预测、中间调控、事后评估的行为。施工项目成本控制是指建筑项目的上级公司与项目共同或分别对项目发生的各种费用进行控制的行为。项目成本管理体系是指项目上级公司和项目本身共同对该项目的生产活动和管理过程的消耗进行定期和不定期的预测、控制、核算和评估的各相关机构、相关制度的总和。

（二）施工项目成本控制的依据

1. 工程承包合同

施工成本控制要以工程承包合同为依据，围绕降低工程成本这个目标，从预算收入和实际成本两方面，努力挖掘增收节支潜力，以求获得最大的经济效益。

2. 施工成本计划

施工成本计划是根据施工项目具体情况制订的施工成本控制方案，既包括预定的具体成本控制目标，又包括实现控制目标的措施和规划，是施工成本控制的指导文件。

3. 进度报告

进度报告可提供每一时刻工程实际完成量，工程施工成本实际支付情况等重要信息。施工成本控制工作正是通过实际情况与施工成本计划相比较，找出二者之间的差别，分析偏差产生的原因，从而采取措施改进以后的工作。此外，进度报告还有助于管理者及时发现工程实施中存在的隐患，并在事态还未造成重大损失之前采取有效措施，尽量避免损失。

4. 工程变更

在项目实施过程中，由于各方面原因，工程变更很难避免。工程变更一般包括设计变更、进度计划变更、施工条件变更、技术规范与标准变更、施工次序变更、工程数量变更等。一旦出现变更，工程量、工期、成本都必将发生变化，从而使得施工成本控制的计算、分析出现偏差，要随时掌握变更情况，包括已发生工程量、将要发生工程量、工期是否拖延、支付情况等重要信息，判断变更以及变更可能带来的索赔额度等。

5. 其他

除了上述几种施工成本控制工作的主要依据以外，有关施工组织设计、分包合同文本等也都是施工成本控制的依据。

（三）施工项目成本控制原则

施工项目成本控制应遵循全面、动态、开源和节流相结合，目标管理、节约以及责权利相结合的原则。

1. 全面

（1）项目成本的全员控制原则。项目成本的全员控制，并不是抽象的概念，而应该有一个系统的实质性内容，其中包括各部门、各单位的责任网络和工区（作业队）经济核算等，防止成本控制人人有责又都人人不管。

（2）项目成本控制的全过程控制。施工项目成本的全过程控制，是指在施工项目确定以后，自施工准备开始，经过工程施工，到竣工交付使用后的保修期结束，其中每一项经济业务都要纳入成本控制的轨道。

2. 动态

（1）项目施工是一次性行为，其成本控制应更重视事前、事中控制。

（2）在施工开始之前进行成本预测，确定目标成本，编制成本计划，制定或修订各种消耗定额和费用开支标准。

（3）施工阶段重在执行成本计划，落实降低成本措施实行成本目标管理。

（4）成本控制随施工过程连续进行，与施工进度同步，不能时紧时松，不能拖延。

（5）建立灵敏的成本信息反馈系统，使成本责任部门（人员）能及时获得信息、纠正不利成本偏差。

（6）制止不合理开支，把可能导致损失和浪费的苗头消灭在萌芽状态。

（7）竣工阶段成本盈亏已成定局，主要进行整个项目的成本核算、分析、考评。

3. 开源和节流相结合

降低项目成本，需要一面增加收入，一面节约支出。因此，每发生一笔金额较大的成本费用，都要查一查有无与其相对应的预算收入，是否大于收入。

4. 目标管理

目标管理是贯彻执行计划的一种方法，它把计划的方针、任务、目的和措施等逐一加以分解，提出进一步的具体要求，并分别落实到执行计划的部门、单位和个人。

5. 节约

（1）施工生产既是消耗资财人力的过程，也是创造财富增加收入的过程，其成本控制也应坚持增收与节约相结合的原则。

（2）作为合同签约的依据，编制工程预算时，应"以支定收"，保证预算收入；在施工过程中，要"以收定支"，保证预算收入，控制资源消耗和费用支出。每发生一笔成本费用，都要核查是否合理。

（3）经常性的成本核算时，要进行实际成本与预算收入的对比分析。

（4）抓住索赔时机，搞好索赔，合理力争甲方给予经济补偿。严格控制成本开支范围、费用开支标准和有关财务制度，对各项成本费用的支出进行限制和监督。

（5）提高施工项目的科学管理水平、优化施工方案，提高生产效率，节约人、财、物的消耗。

（6）采取预防成本失控的技术组织措施，制止可能发生的浪费。

（7）施工的质量进度都对工程成本有很大的影响，因而成本控制必须与质量控制、进度控制、安全控制等工作相结合、相协调，避免返工（修）损失、降低质量成本，减少并杜绝工程延期违约罚款、安全事故损失等费用支出的发生。坚持现场管理标准化，堵塞浪费的漏洞

6. 责权利相结合

要使成本控制真正发挥及时有效的作用，必须严格按照经济责任制的要求，贯彻责权利相结合，实践证明，只有责权利相结合的成本控制，才是名副其实的项目成本控制。

（四）施工项目成本控制方法

1. 定额制定

定额是施工企业在一定生产技术水平和组织条件下，人力、物力、财力等各种资源的消耗达到的数量界限，主要有材料定额和工时定额。施工项目成本控制主要是制定消耗定额，只有制定出消耗定额，才能在成本控制中起作用。工时定额的制定主要依据各地区收入水平、企业工资战略、人力资源状况等因素。随着人力成本越来越大，工时定额显得特别重要。在工作实践中，根据施工生产特点和成本控制需要，还会出现费用定额等。定额管理是成本控制基础工作的核心，建立定额领料制度，控制材料成本、燃料动力成本，建立人工费包干制度，控制工时成本，以及控制制造费用，都要依赖定额制度，没有很好的定额，就无法控制生产成本；同时，定额也是成本预测、决策、核算、分析、分配的主要依据，是成本控制工作的重中之重。

2. 标准化工作

标准化工作是施工项目管理的基本要求，它是施工项目正常运行的基本保证，它促使项目施工和各项管理工作达到合理化、规范化、高效化，是施工项目成本控制成功的基本前提。

3. 用价值工程进行成本控制

价值工程是通过各相关领域的协作，对所研究对象的功能与成本进行系统分析，不断创新，旨在提高所研究对象价值的思想方法和管理技术。

4. 用挣值法进行成本控制

挣值法是用以分析目标实施与目标期望之间差异的一种方法，挣值法又称为赢得值法或偏差分析法。挣值法通过测量和计算已完成工作的预算费用与已完成工作的实际费用，将与计划工作的预算费用相比较得到的项目的费用偏差和进度偏差，从而达到判断项目费用进度计划执行状况的目的。挣值法主要运用三个费用值进行分析，它们分别是已完成工作预算费用、计划完成工作预算费用和已完成工作实际费用。

五、施工项目成本核算

（一）施工项目成本核算的概念

项目成本核算是在项目法施工条件下诞生的，是施工企业探索在企业管理方式和管理水平基础上，采取的适合施工企业特点的降低成本开支、提高企业利润水平的主要途径。

（二）施工项目成本核算的要求

项目经理部应根据财务制度和会计制度的有关规定，建立项目成本核算制，明确项目成本核算的原则、范围、程序、方法、内容、责任及要求，并设置核算台账，记录原始数据。

（三）施工项目成本核算的方法

施工项目成本核算方法是将各种产品的成本费用进行归集，以计算完工产品总成本和单位成本的方法。主要包括表格核算法和会计核算法两种。

1. 项目成本表格核算法

表格核算法是建立在内部各项成本核算基础上、各要素部门和核算单位定期采集信息，填制相应的表格，并通过一系列的表格，形成项目成本核算体系，作为支撑项目成本核算平台的方法。

2. 项目成本会计核算法

会计核算法是指建立在会计核算基础上，利用会计核算所独有的借贷记账法和收支全面核算的综合特点，按项目成本内容和收支范围，组织项目成本核算的方法。

3. 两种核算方法的并行运用

会计核算法科学严密，人为控制的因素较小而且核算的覆盖面较大。会计核算法对核算工作人员的专业水平和工作经验都要求较高。由于表格核算法便于操作和表格格式自由的特点，它可以根据管理方式和要求设置各种表式。使用表格法核算项目岗位成本责任，能较好地解决核算主体和载体的统一、和谐问题，便于项目成本核算工作的开展，并且随着项目成本核算工作的深入发展，表格的种类、数量、格式、内容、流程都在不断地发展和改进，以适应各个岗位的成本控制和考核。

六、施工项目成本分析

（一）施工项目成本分析方法

成本分析应依据会计核算、统计核算和业务核算的资料进行。采用比较法、因素分析法、差额分析法和比率法等基本方法；也可采用分部分项成本分析，年、季、月（或周、旬等）度成本分析，竣工成本分析等综合成本分析方法。

1. 对比法

对比法也称比较法，又称"指标对比分析法"，就是通过技术经济指标的对比，检查目标的完成情况，分析产生差异的原因，进而挖掘内部潜力的方法。通过对比分析，正确评价项目成本计划的执行结果，提高企业和职工讲求经济效益的积极性，揭示成本升降的原因，正确地查明影响成本高低的各种因素及其原因，进一步提高企业管理水平，寻求进一步降低成本的途径和方法，从而达到控制项目成本，实现成本目标的目的。

2. 差额计算法

差额计算法是因素分析法的一种简化形式，它利用各因素的目标值与实际值的差额来计算其对成本的影响程度。

成本分析的方法可以单独使用，也可结合使用。尤其是在进行成本综合分析时，必须使用基本方法。为了更好地说明成本升降的具体原因，必须依据定量分析的结果进行定性分析。

（二）成本管理预警

1. 预警源

（1）施工项目成本管理信息系统。

（2）责任成本及经济活动分析报告。

2. 预警等级划分

施工企业按照责任成本偏离程度划分预警黄色、红色等级。

3. 应对措施

（1）当项目达到黄色预警等级时，由施工企业责成项目部分析产生偏差的原因，并制定整改措施，上报审批后进行落实。

（2）当项目达到红色预警等级时，则由施工企业组成调查组进驻项目部进行现场督查，查找产生重大偏差的原因，并制定整改措施。必要时建议追责。

七、施工项目成本信息化管理

（一）施工项目成本信息化管理的意义

1. 有利于不断改进企业的管理水平。对已完工成本资料进行分析整理，有利于不断改进企业的管理水平，还可以为今后的工程投标或实施提供有效的参考。

2. 为管理者提供可靠依据。企业管理者可以根据这些资料评估项目管理水平的高低，做出施工管理过程中的决策；评估项目管理水平的高低。

3. 提高管理效率。成本信息资源共享，大大降低了现场管理人员成本信息资源共享成本，大大降低了现场管理人员的劳动强度，工作准确度提高，出错率降低。现场管理人员可用更多时间与业主沟通，做好服务，提高业主满意度。

4. 使工程竣工结算更加及时。在项目施工过程中，准确、及时地统计施工成本资料，在工程结尾时方便快捷地整理竣工结算资料，彻底改变以往竣工后结算往后拖的现象。

（二）施工项目成本信息系统一般设计理念和原则

1. 与施工企业管理制度体系融合，反映和体现不同管理层级的管理信息需求。

2. 以合同管理为主线，收入管理与成本管理相对独立，且盈利能力分析数据共享。

3. 以施工组织管理和资源配置为基础，以方案指引成本。

4. 以目标管理和责任成本预算为基准，实现责任成本预算动态调整。

5. 以全成本要素（人工费、材料费、设备费、机械费、其他直接费、间接费、大临及过渡工程费、不可预见费、专业分包费和税金）管控为核心，充分反映项目管理要素的全过程管控（项目策划、合同收入、工程成本、过程控制、预警纠偏、核算分析）。

6. 财务、物资、劳务系统主要功能相融合，相对独立、数据共享。

7. 项目经济事项实行网上报销，实现各类要素成本归集、核算分析的真实性。

8. 以财务系统会计科目划分为出发点和落脚点，实现财务系统与成本核算系统数据统一。

9. 适合增值税政策变化，对涉税要素进行同步优化改造。

10. 实现系统管理方式与项目管理模式相结合，施工项目收入管理、预算管理、合同管理、成本管控与资金管理的同步分析，实现不同层级核算分析要求。

（三）施工项目成本信息系统一般系统架构

1. 系统区别项目规模或合同工期要求，按标准版和简化版设置，标准版适用于规模大、工期长的项目；简化版则适用于工期较短，规模较小的施工项目，但能够全面反映集团公司项目的整体性。

2. 系统按七大功能模块设置：基础数据库管理、收入管理、预算管理、成本管理、资金管理、网络报销和核算分析管理。

（四）施工项目成本信息系统各模块系统功能

1. 基础数据库管理。材料机械目录分专业、类别进行设置；价格数据库体现集团公司指导价、子分公司限价、项目部限价。

2. 收入管理。业主验工计价、内部验工计价、变更索赔。

3. 预算管理。按照不同的费用性质将公司下达的目标成本分解到各个专业和责任成本中心。

4. 成本管控。合同类费用控制以及预算控制相结合。

5. 资金管理。支付申请、控制比例变更、报销申请、凭证制作。

6. 网络报销。按照责任成本进行网上报销申请。

7. 核算分析。取自系统专用报表数据进行各项核算分析，为各级领导决策提供数据支撑。

第四节　施工安全管理

一、施工安全管理概述

（一）安全与安全生产的概念

1. 安全

安全即没有危险、不出事故，是指人的身体健康不受伤害，财产不受损伤，保持完整无损的状态。安全可分为人身安全和财产安全两种情形。

2. 安全生产

狭义的安全生产，是指生产过程处于避免人身伤害、物的损坏及其他不可接受的损害风险（危险）的状态。不可接受的损害风险（危险）通常是指超出了法律法规和规章的要求；超出了安全生产的方针、目标和企业的其他要求；超出了人们普遍接受的（通常是隐含的）要求。

（二）安全生产管理

1. 管理的概念

管理，简单的理解是"管辖""处理"的意思，是管理者在特定的环境下，为了实现一定的目标，对其所能支配的各种资源进行有效的计划、组织、领导和控制等一系列活动的过程。

2. 安全生产管理的概念

在企业管理系统中，含有多个具有某种特定功能的子系统，安全管理就是其中的一个。这个子系统是由企业中有关部门的相应人员组成的。该子系统的主要目的就是通过管理的手段，实现控制事故、消除隐患、减少损失的目的，使整个企业达到最佳的安全水平，为劳动者创造一个安全舒适的工作环境。因而安全管理的定义为：以安全为目的，进行有关决策、计划、组织和控制方面的活动。

（三）建筑工程安全生产管理的含义

所谓建筑工程安全生产管理，是指为保证建筑生产安全所进行的计划、组织、指挥、协调和控制等一系列管理活动，目的在于保护职工在生产过程中的安全与健康，保证国家和人民的财产不受损失，保证建筑生产任务的顺利完成。建筑工程安全生产管理包括：建设行政主管部门对建筑活动过程中安全生产的行业管理，安全生产行政主管部门对建筑活动过程中安全生产的综合性监督管理，从事建筑活动的主体（包括建筑施工企业、建筑勘察单位、设计单位和工程监理单位）为保证建筑生产活动的安全生产所进行的自我管理等。

（四）安全生产的基本方针

我国安全生产方针经历了从"安全生产"到"安全生产、预防为主"以及"安全生产、预防为主、综合治理"的产生和发展过程，且强调在生产中要做好预防工作，尽可能地将事故消灭在萌芽状态。

（五）建设工程安全生产管理的特点

1. 安全生产管理涉及面广、涉及单位多

由于建设工程规模大，生产周期长，生产工艺复杂、工序多，在施工过程中流动作业多，高处作业多，作业位置多变及多工种的交叉作业等，遇到不确定因素多，因此安全管理工作涉及范围大，控制面广。建筑施工企业是安全管理的主体，但安全管理不仅仅是施工单位的责任，材料供应单位、建设单位、勘察设计单位、监理单位以及建设行政主管部门等，也要为安全管理承担相应的责任与义务。

2. 安全生产管理动态性

（1）建设工程项目的单件性及建筑施工的流动性

建设工程项目的单件性，使得每项工程所处的条件不同，所面临的危险因素和防范措施也会有所改变，员工在转移工地后，熟悉一个新的工作环境需要一定的时间，有些制度和安全技术措施会有所调整，员工同样需要一个熟悉的过程。

（2）工程项目施工的分散性

因为现场施工是分散于施工现场的各个部位，尽管有各种规章制度和安全技术交底的环节，但是面对具体的生产环境时，仍然需要自己的判断和处理，有经验的人员还必须适应不断变化的情况。

（3）产品多样性，施工工艺多变性

建设产品具有多样性，施工生产工艺具有复杂多变性，如一栋建筑物从基础、主体至竣工验收，各道施工工序均有其不同的特性，其不安全因素各不相同。同时，随着工程建设进度，施工现场的不安全因素也在随时变化，要求施工单位必须针对工程进度和施工现场实际情况及时采取安全技术措施和安全管理措施予以保证。

3. 产品的固定性导致作业环境的局限性

建筑产品坐落在一个固定的位置上，导致了必须在有限的场地和空间上集中大量的人力、物资、机具来进行交叉作业，导致作业环境的局限性，因而容易产生物体打击等伤亡事故。

4. 露天作业导致作业条件恶劣性

建设工程施工大多是在露天空旷的场地上完成的，导致工作环境相当艰苦，容易发生伤亡事故。

5. 体积庞大带来了施工作业高空性

建设产品的体积十分庞大，操作工人大多在十几米甚至几百米进行高空作业，因而容易产生高空坠落的伤亡事故。

6. 手工操作多、体力消耗大、强度高导致个体劳动保护任务艰巨

在恶劣的作业环境下，施工工人的手工操作多，体能耗费大，劳动时间和劳动强度都比其他行业要大，其职业危害严重，带来了个人劳动保护的艰巨性。

7. 多工种立体交叉作业导致安全管理的复杂性

近年来，建筑由低向高发展，劳动密集型的施工作业只能在极其有限的空间展开，致使施工作业的空间要求与施工条件的供给的矛盾日益突出，这种多工种的立体交叉作业将导致机械伤害、物体打击等事故增多。

8. 安全生产管理的交叉性

建设工程项目是开放系统，受自然环境和社会环境影响很大，安全生产管理需要将工程系统、环境系统及社会系统相结合。

9. 安全生产管理的严谨性

安全状态具有触发性，安全管理措施必须严谨，一旦失控，就会造成损失和伤害。

（六）施工现场安全管理的范围与原则

1. 施工现场安全管理的范围

安全管理的中心问题，是保护生产活动中人的健康与安全以及财产不受损伤，保证生产顺利进行。

宏观的安全管理概括地讲，包括劳动保护、施工安全技术和职业健康安全，它们是既相互联系又相互独立的三个方面。

（1）劳动保护偏重于以法律、法规、规程、条例、制度等形式规范管理或操作行为，从而使劳动者的劳动安全与身体健康得到应有的法律保障。

（2）施工安全技术侧重于对"劳动手段与劳动对象"的管理，包括预防伤亡事故的工程技术和安全技术规范、规程、技术规定、标准条例等，以规范物的状态，减轻对人或物的威胁。

（3）职业健康安全着重于施工生产中粉尘、振动、噪声、毒物的管理。通过防护、医疗、保健等措施，保护劳动者的安全与健康，保护劳动者不受有害因素的危害。

2. 施工现场安全管理的基本原则

（1）管生产的同时管安全

安全寓于生产之中，并对生产发挥促进与保证作用，安全管理是生产管理的重要组成部分，安全与生产在实施过程中，两者存在着密切联系，没有安全就绝不会有高效益的生产。事实证明，只抓生产忽视安全管理的观念和做法是极其危险和有害的。因此，各级管理人员必须负责管理安全工作，在管理生产的同时管安全。

（2）明确安全生产管理的目标

安全管理的内容是对生产中人、物、环境因素状态的管理，有效地控制人的不安全行为和物的不安全状态，消除或避免事故，达到保护劳动者安全与健康和财物不受损伤的目标。

（3）必须贯彻"预防为主"的方针

安全生产的方针是"安全第一、预防为主、综合治理"。"安全第一"是把人身和财产安全放在首位，安全为了生产，生产必须保证人身和财产安全，充分体现"以人为本"的理念。

（4）坚持"四全"动态管理

安全管理涉及生产活动中的方方面面，涉及参与安全生产活动的各个部门和每一个人，涉及从开工到竣工交付的全部生产过程，涉及全部的生产时间，涉及一切变化着的生产因素。因此，生产活动中必须坚持全员、全过程、全方位、全天候的动态安全管理。

（5）安全管理重在控制

进行安全管理的目的是预防、消灭事故，防止或消除事故伤害，保护劳动者的安全与健康及财产安全。在安全管理的前四项内容中，虽然都是为了达到安全管理的目标，但是对安全生产因素状态的控制与安全管理的关系更直接，显得更为突出，因此对生产中的人的不安全行为和物的不安全状态的控制，必须看作动态安全管理的重点。事故的发生，是由于人的不安全行为运动轨迹与物的不安全状态运动轨迹的交叉。事故发生的原理也说明了对生产因素状态的控制应该当作安全管理重点。把约束当作安全管理重点是不正确的，是因为约束缺乏带有强制性的手段。

（6）在管理中发展、提高

既然安全管理是在变化着的生产活动中的管理，是一种动态的过程，其管理就意味着是不断发展、不断变化的，以适应变化的生产活动。然而更为重要的是要不间断地摸索新的规律，总结管理、控制的办法与经验，掌握新的变化后的管理方法，从而使安全管理不断地上升到新的高度。

二、安全管理体系、制度以及实施办法

（一）建立安全生产管理体系

为了贯彻"安全第一、预防为主、综合治理"的方针，建立、健全安全生产责任制和群防群治制度，确保工程项目施工过程中的人身和财产安全，减少一般事故的发生，应结合工程的特点，建立施工项目安全生产管理体系。

1. 建立安全生产管理体系的原则

（1）要适用于建设工程施工项目全过程的安全管理和控制。

（2）建立安全生产管理体系必须包含的基本要求和内容。项目经理部应结合各自实际情况加以充实，建立安全生产管理体系，确保项目的施工安全。

（3）建筑施工企业应加强对施工项目的安全管理，指导、帮助项目经理部建立、实施并保持安全生产管理体系。施工项目安全生产管理体系必须由总承包单位负责策划建立，生产分包单位应结合分包工程的特点，制订相适宜的安全保证计划，并纳入接受总承包单位安全管理体系的管理。

2. 建立安全生产管理体系的作用

（1）职业安全卫生状况是经济发展和社会文明程度的反映，是所有劳动者获得安全与健康的保证，是社会公正、安全、文明、健康发展的基本标志，也是保持社会安定、团结和经济可持续发展的重要条件。

（2）安全生产管理体系对企业环境的安全卫生状态规定了具体的要求和限定，通过科学管理，使工作环境符合安全卫生标准的要求。

（3）安全生产管理体系的运行主要依赖于逐步提高、持续改进，是一个动态、自我调整和完善的管理系统，同时也是职业安全卫生管理体系的基本思想。

（4）安全生产管理体系是项目管理体系中的一个子系统，其循环也是整个管理系统循环的一个子系统。

（二）安全生产管理方针

1. 安全意识在先

由于各种原因，我国公民的安全意识相对淡薄。关爱生命、关注安全是全社会政治、经济和文化生活的主题之一。重视和实现安全生产，必须有很强的安全意识。

2. 安全投入在先

生产经营单位要具备法定的安全生产条件，必须有相应的资金保障，安全投入是生产经营单位的"救命钱"。

3. 安全责任在先

实现安全生产，必须建立、健全各级人民政府及有关部门和生产经营单位的安全生产

责任制，各负其责，齐抓共管。

4. 建章立制在先

"预防为主"需要通过生产经营单位制定并落实各种安全措施和规章制度来实现。建章立制是实现"预防为主"的前提条件。

5. 隐患预防在先

消除事故隐患、预防事故发生是生产经营单位安全工作的重中之重。

6. 监督执法在先

各级人民政府及其安全生产监督管理部门和有关部门强化安全生产监督管理，加大行政执法力度，是预防事故、保证安全的重要条件。安全生产监督管理工作的重点、关口必须前移，放在事前、事中监管上。要通过事前、事中监管，依照法定的安全生产条件，把住安全准入"门槛"，坚决把那些不符合安全生产条件或者不安全因素多、事故隐患严重的生产经营单位排出在安全准入"门槛"之外。

（三）安全生产管理组织机构

1. 公司安全管理机构

建筑公司要设专职安全管理部门，配备专职人员。公司安全管理部门是公司一个重要的施工管理部门，是公司经理贯彻执行安全施工方针、政策和法规，实行安全目标管理的具体工作部门，是领导的参谋和助手。建筑公司施工队以上的单位，要设专职安全员或安全管理机构，公司的安全技术干部或安全检查干部应列为施工人员，不能随便调动。

2. 项目处安全管理机构

公司下属的项目处，是组织和指挥施工的单位，对管理施工、管理安全有着极为重要的影响。项目处经理是本单位安全施工工作第一责任者，要根据本单位的施工规模及职工人数设置专职安全管理机构或配备专职安全员，并建立项目处领导干部安全施工值班制度。

3. 工地安全管理机构

工地应成立以项目经理为负责人的安全施工管理小组，配备专（兼）职安全管理员，同时要建立工地领导成员轮流安全施工值日制度，解决和处理施工中的安全问题和进行巡回安全监督检查。

4. 班组安全管理组织

班组是搞好安全施工的前沿阵地，加强班组安全建设是公司加强安全施工管理的基础。各施工班组要设不脱产安全员，协助班组长搞好班组安全管理。各班组要坚持岗位安全检查、安全值日和安全日活动制度，同时要坚持做好班组安全记录。由于建筑施工点多、面广、流动、分散，一个班组人员往往不会集中在一处作业。因此，工人要提高自我保护意识和自我保护能力，在同一作业面的人员要互相关照。

（四）安全生产责任制

1. 总包、分包单位的安全责任

（1）总包单位的职责

①项目经理是项目安全生产的第一负责人，必须认真贯彻、执行国家和地方的有关安全法规、规范、标准，严格按文明安全工地标准组织施工生产，确保实现安全控制指标和文明安全工地达标计划。

②建立、健全安全生产保证体系，根据安全生产组织标准和工程规模设置安全生产机构，配备安全检查人员，并设置5～7人（含分包）的安全生产委员会或安全生产领导小组，定期召开会议（每月不少于一次），负责对本工程项目安全生产工作的重大事项及时做出决策，组织督促检查实施，并将分包的安全人员纳入总包管理，统一活动。

③根据工程进度情况除进行不定期、季节性的安全检查外，工程项目经理部每半月由项目执行经理组织一次检查，每周由安全部门组织各分包方进行专业（或全面）检查。对查到的隐患，责成分包方和有关人员立即或限期进行消除整改。

④工程项目部（总包方）与分包方应在工程实施前或进场的同时及时签订含有明确安全目标和职责条款划分的经营（管理）合同或协议书；当不能按期签订时，必须签订临时安全协议。

⑤根据工程进展情况和分包进场时间，应分别签订年度或一次性的安全生产责任书或责任状，做到总分包在安全管理上责任划分明确，有奖有罚。

⑥项目部实行"总包方统一管理，分包方各负其责"的施工现场管理体制，负责对发包方、分包方和上级各部门或政府部门的综合协调管理工作。工程项目经理对施工现场的管理工作负全面领导责任。

⑦项目部有权限期责令分包方将不能尽责的施工管理人员调离本工程，重新配备符合总包要求的施工管理人员。

（2）分包单位的职责

①分包单位的项目经理、主管副经理是安全生产管理工作的第一责任人，必须认真贯彻执行总包方在执行的有关规定、标准以及总包方的有关决定和指示，按总包方的要求组织施工。

②建立、健全安全保障体系。根据安全生产组织标准设置安全机构，配备安全检查人员，每50人要配备一名专职安全人员，不足50人的要设兼职安全人员，并接受工程项目安全部门的业务管理。

③分包方在编制分包项目或单项作业的施工方案或冬季方案措施时，必须同时编制安全消防技术措施，并经总包方审批后方可实施，如改变原方案，必须重新报批。

④分包方必须执行逐级安全技术交底制度和班组长班前安全讲话制度，并跟踪检查管理。

⑤分包方必须按规定执行安全防护设施、设备验收制度，并履行书面验收手续，建档存查。

⑥分包方必须接受总包方及其上级主管部门的各种安全检查并接受奖罚。在生产例会上应先检查、汇报安全生产情况。在施工生产过程中，切实把好安全教育、检查、措施、交底、防护、文明、验收七关，做到预防为主。

⑦对安全管理纰漏多、施工现场管理混乱的分包单位除进行罚款处理外，对于问题严重、屡禁不止，甚至不服从管理的分包单位，予以解除经济合同。

2. 租赁双方的安全责任

（1）大型机械（塔式起重机、外用电梯等）租赁、安装、维修单位的职责

①各单位必须具备相应资质。

②所租赁的设备必须具备统一编号，其机械性能良好，安全装置齐全、灵敏、可靠。

③在当地施工时，租赁外埠塔式起重机和施工用电梯或外地分包自带塔式起重机和施工用电梯，使用前必须在本地建设主管部门登记备案并取得统一临时编号。

④租赁、维修单位对设备的自身质量和安装质量负责，定期对其进行维修、保养。

⑤租赁单位向使用单位配备合格的司机。

（2）承租方对施工过程中设备的使用安全负责

承租方对施工过程中设备的使用安全责任，应参照相关安全生产管理条例的规定。

第五节　施工资源管理

一、施工资源管理概述

施工项目资源管理的主要环节包括以下内容：

（一）编制资源计划

根据施工进度计划、各分部分项工程量，编制资源需用计划表，对资源投入量、投入时间和投入顺序做出合理安排，以满足施工项目实施的需要。

（二）资源的管理

按照编制的各种资源计划，从资源的来源到资源的投入进行管理，使资源计划得以实现。

（三）节约使用资源

根据每种资源的特性，制定出科学的措施，进行动态配置和组合，协调投入、合理使用、不断纠正偏差，以尽可能少的资源来满足项目的使用，达到节约资源的目的。

（四）进行资源使用效果分析

对资源使用效果进行分析，一方面对管理效果进行总结，找出经验和问题，评价管理活动；另一方面为管理提供储备和反馈信息，以指导以后的管理工作。

二、施工项目人力资源管理

（一）施工项目人力资源管理体制

施工总承包、专业承包企业可通过自有劳务人员或劳务分包、劳务派遣等多种方式完成劳务作业。施工总承包、专业承包企业应拥有一定数量的与其建立稳定劳动关系的骨干技术工人，或拥有独资或控股的施工劳务企业，组织自有劳务人员完成劳务作业；也可以将劳务作业分包给具有施工劳务资质的企业；还可以将部分临时性、辅助性工作交给劳务派遣人员来完成。

施工劳务企业应组织自有劳务人员完成劳务分包作业。施工劳务企业应依法承接施工总承包、专业承包企业发包的劳务作业，并组织自有劳务人员完成作业，不得将劳务作业再次分包或转包。

（二）劳动力的优化配置

劳动力的优化配置就是根据劳动力需要量计划，通过双向选择，择优汰劣，能进能出，并保证人员的相对稳定，使人力资源得到充分利用，降低工程成本，以实现最佳方案。具体应做好以下几方面的工作：

1. 在劳动力需用量计划的基础上，按照施工进度计划和工种需要数量进行配置，必要时根据实际情况对劳动力计划进行调整。

2. 配置劳动力时应掌握劳动生产率水平，使工人有超额完成的可能，以获得奖励，进而激发工人的劳动热情。

3. 如果现有人员在专业技术或其他素质上不能满足要求，应提前进行培训，再上岗作业。

4. 尽量使劳动力和劳动组织保持稳定，防止频繁调动。当使用的劳动组织不适应任务要求时，则应进行劳动组织调整。

5. 劳动力均衡配置，劳动资源强度适当，各工种组合合理、配套。

（三）劳动力的动态管理

劳动力的动态管理指根据生产任务和施工条件的变化对劳动力进行跟踪、协调、平衡，以解决劳动力失衡、劳务与生产要求脱节的动态过程。

劳动力动态管理的原则是：以进度计划与劳务合同为依据，以劳动力市场为依托，以动态平衡和日常调度为手段，以达到劳动力优化组合和充分调动作业人员的积极性为目的，允许劳动力在市场内做充分的合理流动。

（四）人员培训和持证上岗

劳动者的素质、劳动技能不同，在施工中所起的作用和获得的劳动成果也不同。当前建筑施工企业缺少的是有知识、有技能、适应施工企业发展要求的劳务人员。因此，相关部门应采取措施全面开展培训，达到预定的目标和水平后，经过考核取得合格证，劳务人员才能上岗。

（五）劳动绩效评价与激励

绩效评价指按照既定标准，采用具体的评价方法，检查和评定劳动者工作过程、工作结果，以确定工作成绩，并将评价结果反馈给劳动者的过程。

施工企业劳动定额是进行绩效评价的重要依据。企业应建立编制企业定额的专门机构，收集本单位及行业定额水平资料，结合生产工艺、操作方法及技术条件，编制企业劳动定额，并定期进行修改、完善，使其反映新技术、新工艺，起到鼓励先进鞭策落后的作用。

三、施工材料管理

施工材料管理指按照一定的原则、程序和方法，合理做好材料的供需平衡、运输与保管工作，以保证施工生产的顺利进行。

（一）材料采购与供应管理

材料供应是材料管理的首要环节。施工项目的材料供应通常划分为企业管理层和项目部两个层次。

1. 企业管理层材料采购供应

企业应建立统一的材料供应部门，对各工程项目所需的主要材料、大宗材料实行统一计划、统一采购、统一供应、统一调度和统一核算。企业材料部门建立合格供应方名录，对供应方进行考核，签订供货合同，确保供应工作质量和材料质量。同时，企业统一采购有助于进一步降低材料成本，还可以避免由于多渠道、多层次采购而导致的低效状态。

2. 项目部的材料采购供应

由于工程项目所用材料种类繁多，用量不一，为便于管理，企业应给予项目部必要的材料采购权，负责采购企业物资部门授权范围内的材料，这样有利于两级采购相互弥补，保证供应不留缺口。

（二）施工材料的现场管理

1. 现场材料管理的责任

项目经理是现场材料管理的全面领导者和责任者。项目部主管材料人员是施工现场材料管理的直接责任人。班组材料员在项目材料员的指导下，协助班组长组织和监督本班组合理进行领料、用料和退料工作。现场材料人员应建立材料管理岗位责任制。

2. 现场材料管理的内容

（1）材料计划管理

项目开工前，项目部向企业材料部门提交一次性计划，作为供应备料的依据。在施工中，再根据工程变更及调整的施工进度计划，及时向企业材料部门提出调整供料计划。材料供应部门按月对材料计划的执行情况进行检查，不断改进材料供应。

（2）材料验收

材料进场验收应遵守下列规定：

①清理存放场地，做好材料进场准备工作。

②检查进场材料的凭证、票据、进场计划、合同、质量证明文件等有关资料，是否与供应材料要求一致。

③检查材料品种、规格、包装、外观、尺寸等，检查外观质量是否满足要求。在外观质量满足要求的基础上，再按要求取样进行材料复验。

④按照规定分别采取称重、点件、检尺等方法，检查材料数量是否满足要求。

⑤验收要做好记录，办理验收手续。

（3）材料的储存、保管与领发

进场的材料应验收入库，建立台账；入库的材料应按型号、品种分区堆放，施工现场材料按总平面布置图实施，要求位置正确、保管处置得当、符合堆放保管制度；要日清、月结、定期盘点，账物相符。

（4）材料的使用监督

项目部应实行材料使用监督制度，由现场材料管理责任者对材料的使用进行监督，填写监督记录，对存在的问题及时分析并予以处理。监督的内容主要包括：是否按平面图要求堆放材料，是否按要求保管材料，是否合理使用材料，是否认真执行领发料手续，是否做到工完料清、场清等。

（5）材料的回收

班组余料必须回收，及时办理退料手续，并在限额领料单中登记扣除。余料要造表上报，按供应部门的要求办理调拨或退料，建立回收台账，处理好经济关系。

四、施工机械设备管理

（一）施工项目机械设备的供应形式

1. 企业自有装备

施工企业应根据自身经济实力、任务类型、施工工艺特点和技术发展趋势购置自有机械，自有机械应当是企业常年大量使用的机械，以保证较高的机械利用率和经济效益。

2. 租赁

某些大型、专业的特殊建筑机械，当施工企业自行装备会导致经济上的不合理时，可以租赁方式供施工企业使用。

3. 机械施工承包

对某些操作复杂或要求人与机械密切配合的机械，可由专业机械化分包公司装备，如大型构件吊装、大型土方等工程。

不论采用哪种形式进行机械设备供应，提供给项目部使用的施工机械设备必须符合相关要求，保证施工的正常进行。

（二）机械设备的选择

机械设备的选择是机械设备管理的首要环节。其选择原则是：切合需要，技术上先进，经济上合理，充分发挥现有机械设备能力，减少闲置。

机械设备的选择应根据企业装备规划，有计划、有目的地进行，防止盲目性。选择机械设备时，首先要挖掘企业潜力，充分发挥现有机械设备的作用。在此基础上，对新增机械设备，应从生产性、可靠性、节约性、维修性、环保性、耐用性、成套性、安全性、灵活性等方面进行技术经济分析。

（三）施工项目机械设备的使用管理

1. 机械设备的安全管理

机械设备的安全管理主要包括以下内容：

（1）项目要建立健全设备安全检查、监督制度，要定期和不定期地进行设备安全检查，及时消除隐患，确保设备和人身安全。

（2）对于起重设备的安全管理，要认真执行当地政府的有关规定。由具有相应资质的专业施工单位承担设备的安装、拆除、顶升、锚固、轨道铺设等工作任务。

（3）各种机械必须按照国家标准安装安全保险装置。机械设备转移施工现场，重新安装后必须对设备安全保险装置重新调试，并经试运转，以确认各种安全保险装置符合标准要求，方可交付使用。

（4）严格遵守建筑机械使用安全技术规程，按要求进行设备操作和维护。

（5）项目应建立健全设备安全使用岗位责任制。

2. 机械设备的制度管理

机械设备的制度管理主要包括以下内容：

（1）实行机械设备中的交接班制度。采用交接班制度，能保持施工的连续性，使作业班组能够交清问题，防止机械损坏和附件丢失。机械设备操作人员要及时填写台班工作记录，记载设备运转小时、运转情况、故障及处理办法、设备附件和工具情况、岗位其他需要注意的问题等。以明确设备管理责任并为机械设备的维修、保养提供依据。

（2）机械设备使用中应定机、定人、定岗位责任，即实行"三定制度"。

（3）健全机械设备管理的奖励与惩罚制度。

3. 严格进行机械设备的进场验收

工程项目要严格进行机械设备进场验收，一般中小型机械设备由施工员（工长）会同专业技术管理人员和使用人员共同验收；大型设备、成套设备须在项目部自检基础上报请公司有关部门组织技术负责人及有关部门人员验收；对于重点设备要组织第三方具有认证或相关验收资质单位进行验收，如塔式起重机、外用施工电梯等。

4. 机械设备使用注意事项

（1）人机固定，实行机械使用、保养责任制，将机械设备的使用效益与个人经济利益相结合。

（2）实行持证上岗制度，操作人员必须经过培训和统一考试，考试合格取得操作证后，方可独立操作。

（3）遵守磨合期使用规定，以防止机件早期磨损，延长机械使用寿命和修理周期。

（4）做好机械设备的综合利用，现场安装的施工机械应尽量做到一机多用。

（5）组织机械设备的流水施工，当施工中某些施工过程主要通过机械而不是人力时，划分施工段必须考虑机械设备的服务能力，尽量使机械连续作业，不停歇。一个施工项目有多个单位工程时，应使机械在单位工程之间流水作业，减少机械设备进出场时间和装卸费用。

5. 施工项目机械设备的保养与维修

为保持机械设备的良好运行状态，提高设备运转的可靠性和安全性，减少零件的磨损，降低消耗，延长使用寿命，进一步提高机械施工的经济效益，应按要求及时进行机械设备的保养。

第六节 施工合同管理

一、施工合同管理概述

工程施工合同是发包人与承包人之间完成商定的建设工程项目，确定合同主体权利与义务的协议。建设工程施工合同也称为建筑安装承包合同，建筑是对工程进行建造的行为，安装主要是与工程有关的线路、管道、设备等设施的装配。

二、施工投标

（一）建筑工程施工投标程序

建筑工程施工投标的一般程序如下：

报告参加投标→办理资格审查→取得招标文件→研究招标文件→调查招标环境→确定投标策略→编制施工方案→编制标书→投送标书。

（二）建筑工程施工投标的准备工作

1. 收集招投标信息

在确定招标组织后，收集招标信息，从中了解工程制约因素，可以帮助投标单位在投标报价时做到心中有数，这是施工企业在投标过程中成败的关键，如工程所在地的交通运输、材料和设备价格及劳动力供应状况；当地施工环境、自然条件、主要材料供应情况及专业分包能力和条件；类似工程的技术经济指标、施工方案及形象进度执行情况；参加投标企业的技术水平、经营管理水平及社会信誉等。

2. 研究招标文件

投标单位取得投标资格，获得招标文件之后，首先就是认真仔细地研究招标文件，充分了解其内容与要求，以便有针对性地开展投标工作。研究招标文件的重点应该放在投标者须知、合同条款、设计图纸、工程范围及工程量表上，还要研究技术规范要求，看是否有特殊要求，投标人应该把重点放在投标人须知、投标附录和合同条件、技术说明、永久性工程之外的报价补充文件上。

3. 编制施工方案

施工方案是投标报价的一个前提条件，也是招标单位评标时要考虑的因素之一。施工方案由投标单位的技术负责人主持编制，主要考虑施工方法、施工机具的配置，各个工种劳动力的安排及现场施工人员的平衡，施工进度的安排，质量安全措施等。施工方案的编制应该在技术和工期两方面对招标单位有吸引力，同时又能降低施工成本。

（三）建筑工程的投标报价

建筑工程的投标报价指投标单位为了中标而向招标单位报出的该建筑工程的价格。投标报价的正确与否，对投标单位能否中标以及中标后的盈利情况将起决定性作用。

1. 报价的基本原则

报价按照国家规定，并且体现企业的生产经营管理水平；标价计算主次分明，并从实际出发，把实际可能发生的一切费用计算在内，避免出现遗漏和重复；报价以施工方案为基础。

2. 投标报价的基本程序

（1）准备阶段

熟悉招标文件，参加招标会议，了解、调查施工现场以及建筑原材料的供应情况。

（2）投标报价费用计算阶段

分析并计算报价的有关费用，确定费率标准。

（3）决策阶段

投标决策并且编写投标文件。

3. 复核工程量

在报价前，应该对工程量清单进行复核，确保标价计算的准确性。对于单价合同，虽然以实测工程量结算工程款，但投标人仍然应该根据图纸仔细核算工程量，若发现差异较大，投标人应该向招标人要求澄清。对于总价固定合同，总价合同是以总报价为基础进行结算，如果工程量出现差异，可能对施工方不利。对于总价合同，如果业主在投标前对争议工程量不予以更正，而且是对投标者不利的情况，投标者在投标时要附上声明：工程量表中某项工程量有错误，施工结算应该按照实际完成量计算。

4. 选择施工方案

施工方案是报价的基础和前提，也是招标人评标时考虑的重要因素之一，有什么样的方案，就会有什么样的人工、机械和材料消耗，也就会有相应的报价。因此，必须弄清楚分项工程的内容、工程量、所包含的相关工作、工程进度计划的各项要求、机械设备状态、劳动与组织状况等关键环节，据此制订施工方案。

5. 正式投标

投标人经过多方面的情况分析、运用报价策略和技巧确定投标报价，并且按照招标人的要求完成标书的准备与填报之后，就可以向招标人正式提交投标文件，但是需要注意投标的截止日期、投标文件的完整性、标书的基本要求和投标的担保。

三、施工合同的订立

订立施工合同要经过要约和承诺两个过程。要约指当事人一方向另一方提出签订合同的建议与要求，拟定合同的初步内容。承诺是指受约人完全同意要约人提出的要约内容的一种表示。承诺后合同即成立。

招标、投标、中标的过程实质就是要约、承诺的一种具体方式。招标人通过媒体发布招标公告，或向符合条件的投标人发出招标文件，为要约邀请；投标人根据招标文件内容在约定的期限内向招标人提交投标文件，为要约；招标人通过评标确定中标人，发出中标通知书，为承诺；招标人和中标人按照中标通知书、招标文件和中标人的投标文件等订立书面合同时，合同成立并生效。

四、施工合同执行过程的管理

合同的履行指工程建设项目的发包方和承包方根据合同规定的时间、地点、方式、内容和标准等要求，各自完成合同义务的行为。合同的履行是合同当事人双方都应尽的义务，任何一方违反合同，不履行合同义务，或者未完全履行合同义务，给对方造成损失时，都应当承担赔偿责任。合同签订后，当事人必须认真分析合同条款，向参与项目实施的有关责任人做好合同交底工作，在合同履行过程中进行跟踪与控制，并加强合同的变更管理，保证合同的顺利履行。

合同签订以后，合同中各项任务的执行要落实到具体的项目经理部或具体的项目参与人员身上，承包单位作为履行合同义务的主体，必须对合同执行者（项目经理部或项目参与人）的履行情况进行跟踪、监督和控制，确保合同义务的完全履行。施工合同跟踪有两个方面的含义：一是承包单位的合同管理职能部门对合同执行者的跟踪；二是合同执行者本身对合同计划的执行情况进行的跟踪、检查与对比，在合同实施过程中二者缺一不可。

五、施工合同的索赔

（一）建设工程索赔概述

建设工程索赔通常指在工程合同履行过程中，合同当事人一方因对方不履行或未能正确履行合同或者由于其他非自身因素而受到经济损失或权利损害，通过合同规定的程序向对方提出经济或时间补偿要求的行为。索赔是一种正当的权利要求，它是合同当事人之间一项正常的而且普遍存在的合同管理业务，是一种以法律和合同为依据的合情合理的行为。

（二）工程索赔的主要特点

工程索赔的主要特点是由于业主或者其他非承包商的原因，致使承包商在项目施工中付出了额外的费用或造成损失，承包商通过合法途径和程序，运用谈判、仲裁、诉讼等手段，要求业主偿付其在施工中的费用损失或延长工期。

（三）索赔工作程序

索赔工作程序指从索赔事件产生到最终处理结束全过程所包含的工作内容和工作步骤。在项目施工阶段，每出现一个索赔事件，承包人和发包人都应该按照国家规定和工程项目合同条件规定，认真及时地协商解决。

（四）索赔的依据和索赔报告

1. 索赔的依据

承包商向业主提出索赔，希望费用补偿或工期延长。为此，承包商需要进行索赔论证工作，在工程项目实施过程中，会产生大量的工程信息和资料，这些信息和资料是进行索赔的重要依据。因此，在施工工程中应该自始至终做好资料积累工作，建立完善的资料记录和资料管理制度，认真系统地积累和管理合同、质量、进度以及财务收支等方面的资料。

2. 索赔报告

索赔报告的具体内容随索赔事件的性质和特定而有所不同，但是一个完整的索赔报告应该包括：

（1）总述部分

首先概要论述索赔事项发生的日期和过程；承包人为该索赔事项付出的努力和附加开支；承包人的具体索赔要求。在总述部分最后，附上索赔报告编写组主要人员及审核人员，注明其职称、职位及施工经验，以表示该索赔报告的严肃性和权威性。

（2）论证部分

论证部分是索赔报告的关键部分，其目的是说明自己有索赔权，是索赔能否成立的关键。论证部分主要来自工程项目合同文件，并且参照有关法律规定，一般来说，论证部分一般包括：索赔发生情况；已递交索赔意向通知书的情况；索赔事件的处理过程；所附证据资料。

（3）索赔款项（或工期）计算部分

如果说索赔报告论证部分的任务是解决索赔权能否成立，则款项计算是为解决能获得多少索赔款项。前者定性，后者定量。在索赔款项（或工期）计算部分，承包商必须说明索赔款总额，各项索赔款计算，指明各项开支计算依据及证明资料。

（4）证据部分

要注意引用的每个证据的效力或可信程度，对重要的证据资料最好附以文字说明，或附以确认件。例如，对一个重要的电话内容，仅附上自己的记录本是不够的，最好附上经过双方签字确认的电话记录。

（五）工程索赔处理的原则

工程索赔的处理应该遵循以下原则：

1. 索赔必须以合同为依据

工程师依据合同和事实对索赔进行处理是其公平性的重要体现。在不同的合同条件下，这些依据很可能是不同的。例如，因为不可抗力、异常恶劣气候条件、特殊社会事件、其他第三方等原因引起延误。

2. 及时、合理地处理索赔

索赔事件发生后，必须依据合同及时地对索赔进行处理。如果承包人的合理索赔要求长时间得不到解决，单项工程的索赔积累下来，有时可能影响整个工程的进度。此外，拖到后期综合索赔，往往还牵涉利息、预期利润补偿、工程结算以及责任的划分、质量的处理等，大大增加了处理索赔的难度。因此，尽量将单项索赔在执行过程中加以解决。

3. 加强主动控制，减少工程索赔

对于工程索赔应当加强主动控制，尽量减少索赔。这就要求在工程管理过程中，应当尽量将工作做在前面，减少索赔事件的发生。这样能够使工程更顺利地进行，降低工程投资，保证施工工期。

（六）反索赔

反索赔指业主向承包商提出的索赔要求。反索赔分为工期索赔和费用索赔。一般包括工程师依据合同内容，对承包商的违约行为提出反索赔要求。此外，也包括工程师在对承包商提出的索赔进行审核评价时，指出其错误的合同依据和计算方法，否定其中部分索赔款项或全部款额。反索赔的工作内容可以包括两个方面：一是防止对方提出索赔；二是反击或反驳对方的索赔要求。

要成功地防止对方提出索赔，应采取积极防御的策略。首先，自己严格履行合同规定的各项义务，防止自己违约，并通过加强合同管理，使对方找不到索赔的理由和根据，使自己处于不被索赔的地位。其次，如果在工程实施过程中发生了干扰事件，则应立即着手研究和分析合同依据，收集证据，为提出索赔和反索赔做好两手准备。

参考文献

[1] 房平, 邵瑞华, 孔祥刚. 建筑给排水工程 [M]. 成都: 电子科技大学出版社, 2020.

[2] 李孟珊. 给排水工程施工技术 [M]. 太原: 山西人民出版社, 2020.

[3] 许彦, 王宏伟, 朱红莲. 市政规划与给排水工程[M]. 长春: 吉林科学技术出版社, 2020.

[4] 王宏图, 姚远, 张宏伟. 给排水工程与市政道路[M]. 长春: 吉林科学技术出版社, 2020.

[5] 孙明, 王建华, 黄静. 建筑给排水工程技术 [M]. 长春: 吉林科学技术出版社, 2020.

[6] 刘俊红, 翟国静, 孙海梅. 全国水利水电高职教研会规划教材给排水工程施工技术 [M]. 北京: 中国水利水电出版社, 2020.

[7] 李亚峰, 王洪明, 杨辉. 给排水科学与工程概论 [M]. 北京: 机械工业出版社, 2020.

[8] 梅胜, 周鸿, 何芳作. 建筑给排水及消防工程系统 [M]. 北京: 机械工业出版社, 2020.

[9] 杜海霞, 吴慧芳. 给排水科学与工程专业实习指导 [M]. 北京: 化学工业出版社, 2020.

[10] 边喜龙. 给排水工程施工技术 [M]. 北京: 中国建筑工业出版社, 2019.

[11] 郭沛鋆. 市政给排水工程技术与应用 [M]. 合肥: 安徽人民出版社, 2019.

[12] 梁政. 铁路（高铁）及城市轨道交通给排水工程设计 [M]. 成都: 西南交通大学出版社, 2019.

[13] 饶鑫, 赵云. 市政给排水管道工程 [M]. 上海: 上海交通大学出版社, 2019.

[14] 张立勇. 给排水科学与工程专业实习导读 [M]. 北京: 化学工业出版社, 2019.

[15] 马驰瑶. 安装工程计量与计价 [M]. 成都: 西南交通大学出版社, 2019.

[16] 谢玉辉. 建筑给排水中的常见问题及解决对策[M]. 北京: 北京工业大学出版社, 2019.

[17] 吴喜军, 彭敏. 建筑给排水工程技术 [M]. 长春: 吉林大学出版社, 2018.

[18] 田耐. 建筑给排水工程技术 [M]. 天津：天津科学技术出版社，2018.

[19] 赵星明，尹儿琴，赵赛. 给排水工程计算机应用 [M]. 北京：机械工业出版社，2018.

[20] 项元红. 建筑给排水工程设计与实例 [M]. 合肥：安徽科学技术出版社，2018.

[21] 李红艳，许洪建，倪建华. 市政道路与给排水工程设计 [M]. 海口：南方出版社，2018.

[22] 张健. 建筑给水排水工程（给排水工程技术专业适用）[M]. 4 版. 北京：中国建筑工业出版社，2018.

[23] 黄敬文. 全国高职高专给排水工程技术专业规划教材给水排水管道工程 [M]. 2 版. 郑州：黄河水利出版社，2018.

[24] 李圭白，蒋展鹏，范瑾初. 给排水科学与工程概论 [M]. 3 版. 北京：中国建筑工业出版社，2018.

[25] 董建威，司马卫平，褟志彬. 建筑给水排水工程 [M]. 北京：北京工业大学出版社，2018.

[26] 王霞，李桂柱；吴惠燕，等. 建筑给水排水工程 [M]. 西安：西安交通大学出版社，2018.

[27] 蒋凤昌，周桂香，金融服务区建筑群的设计、施工与管理 [M]. 上海：同济大学出版社，2020.

[28] 杨承愬，陈浩. 绿色建筑施工与管理 [M]. 北京：中国建材工业出版社，2020.

[29] 王茹. 装配式建筑施工与管理 [M]. 北京：机械工业出版社，2020.

[30] 玉小冰. 建筑施工管理问题及创新策略 [M]. 哈尔滨：哈尔滨地图出版社，2020.

[31] 杨静，冯豪. 建筑施工组织与管理 [M]. 北京：清华大学出版社，2020.

[32] 李英姬，王生明. 建筑施工安全技术与管理 [M]. 北京：中国建筑工业出版社，2020.

[33] 刘兵，刘广文. 建筑施工组织与管理 [M]. 3 版. 北京：北京理工大学出版社，2020.

[34] 杨莅滦，郑宇. 建筑工程施工资料管理 [M]. 北京：北京理工大学出版社，2019.

[35] 刘尊明，霍文婵，朱锋. 建筑施工安全技术与管理 [M]. 北京：北京理工大学出版社，2019.

[36] 焦丽丽. 现代建筑施工技术管理与研究 [M]. 北京：冶金工业出版社，2019.

[37] 许继凤. 建筑施工管理及成本控制 [M]. 北京：中国青年出版社，2019.

[38] 雷平. 建筑施工组织与管理 [M]. 北京：中国建筑工业出版社，2019.